최신
디지털 논리회로실험

고재원 / 김재평 / 김영채 共著

동일출판사

·머 리 말·

　21세기 들어 고도로 발전하는 기술 중의 하나가 디지털 공학이다. 오늘날의 첨단 정보화 사회에서 디지털 기술은 전자 및 컴퓨터 관련 분야에서 핵심기술로서 큰 영향을 미치고 있으며, 다른 산업분야에서도 응용기술로서 광범위하게 확산되어 가고 있다. 이러한 디지털 기술을 활용하기 위해서는 디지털공학의 기본이론을 이해한 후 실험을 통하여 응용능력을 기르는 것이 무엇보다 중요하다.

　디지털 공학은 이론적인 교과목과는 달리 실험을 통하지 않고서는 그 이론과 결과를 실측할 수 없는 학문이라, 이론 학습을 통하여 배운 내용들을 실험을 통하여 직접 실습하고, 그 기능들을 더욱 또렷하고 확실하게 피부로 느껴 이해하는 것이 대단히 중요하다.

　본 교재는 전문대학 또는 대학과정의 전자, 전기, 컴퓨터, 정보통신 분야의 기초과목인 디지털공학의 실험교재로서 활용될 수 있을 뿐만 아니라 디지털 기술을 필요로 하는 관련 산업 종사자들이 전자공학에 대한 전문적인 지식이 없어도 실험을 통하여 디지털 기술을 습득할 수 있도록 배려하였다. 따라서 실험에 사용되는 디지털 회로의 구성방법과 동작원리를 충분히 이해할 수 있도록 관련 이론을 상세히 설명하였으며, 실험 내용도 기본이론에 대한 기초 실험에서부터 상용화된 집적회로를 응용할 수 있는 응용실험까지 실무 적응능력을 높이기 위한 단계별 실험을 할 수 있도록 구성하였다.

　본 교재는 효율적인 디지털 논리회로실험이 이루어질 수 있도록 총 5부, 20개의 실험으로 구성하였다. 제 1부는 기본적인 디지털 개요 및 디지털 IC 논리군에 대하여 설명하였고, 제 2부는 디지털 논리회로의 기본인 논리 게이트 이해를 위하여 논리게이트 및 부울대수에 관한 실험을 다루었고, 제 3부는 디지털 조합논리회로의 설계와 응용 기술을 습득하기 위하여 디지털 조합논리회로 실험을 다루었으며, 제 4부는 디지털 순차논리회로의 설계와 응용 능력을 향상시키기 위하여 플립플롭 및 순차논리회로의 실험을 다루었고, 제 5부는 여러 가지 디지털 응용회로 실험의 내용을 다루었다. 그리고 각 실험 아이템에 대한 실험 실습이 끝난 후 학생들이 스스로 실험 실습 결과에 대해 평가할 수 있도록 결과보고서를 준비하였으며, 각 실험 아이템 별로 실험결과고찰의 내용을 두어 학생들이 실험한 내용을 정확히 이해할 수 있도록 최대한 배려하였다.

　끝으로, 교재 작성을 위해 최선을 다했지만 다소의 오류가 있으리라 생각되어 이 점 여러분께 양해를 구하며, 본 교재의 미비한 부분이나 새로운 분야들에 대해서는 계속 수정 보완하여 좋은 책이 될 수 있도록 노력하겠습니다. 양서를 만들기 위해서는 독자분들의 관심과 애정 어린 조언도 중요한 요소라 생각되오니 주저하지 마시길 바랍니다. 아울러 본 교재가 출판되기까지 심혈을 기울여 주신 동일출판사 임직원 여러분과 많은 도움을 주신 주위 여러 교수님께 감사의 말씀을 드립니다. 감사합니다.

저자대표 고재원 씀

차 례

제1부

디지털 개요

1장. 디지털회로의 기초

1장

디지털회로의 기초

오늘날 디지털 기기는 우리 생활 주변에서도 얼마든지 볼 수 있다. 디지털시계, 휴대용 계산기, TV의 원격조정장치, 마이크로웨이브 오 븐과 세탁기의 제어, 콤팩트디스크, 전자 오락 장치 등 일일이 열거할 수 없을 정도다. 디지털 시스템의 정수라 할 수 있는 컴퓨터 는 오늘날 정보화 사회의 견인차 역할을 하고 있다. 사무 자동화, 금융, 항공회사 등의 막대한 양의 데이터 자동처리, 공장 자동화, 교통관제, 디지털 통신망 등은 컴퓨터 없이 는 불가능하다. 1980년대의 개인용 컴퓨터(PC)의 보급은 교육, 연구에 지대한 공헌을 하 였으며 막대한 계산 능력을 갖는 슈퍼컴퓨터는 1960년대에는 상상도 하지 못했던 복잡한 과학적 연구와 공학적 설계에 활용되고 있다.

이상과 같은 디지털 시스템은 소수의 기본적 디지털 회로(논리회로라고도 함)의 연결로 구성되며, 디지털 회로는 집적회로(IC) 제소 기술의 발달로 인해서 더욱 소형회되고 시스 템화되고 있다.

이 장에서는 디지털 회로 및 시스템에 관한 기초적인 지식과 기본개념 및 전체적 개관 을 알아보고자 한다.

1-1. 아날로그와 디지털

물리적으로 존재하는 실제의 양들은 연속적으로 변화되는 연속적인 양으로 존재한다. 이렇게 존재하는 물리량은 연속적인 양(continuous quantity)과 불연속적인 혹은 이산적 인 양(discrete quantity)으로 나눌 수 있는데, 연속적인 양을 표시하는 데이터를 아날로 그(analog) 데이터라고 하며, 불연속적인(또는 이산적인) 양을 나타내는 데이터를 디지털 (digital) 데이터라고 부른다.

연속적인 양이란 연속적인 시간에 대하여 연속적으로 변화하는 크기를 가진 물리량을 의미하며, 전압, 전류, 저항, 각도, 유압 등의 물리량을 연속적인 데이터로 나타내는 것을 말한다. '디지털(digital)'이란 용어는 그 어원이 'digit'로 '손가락'의 의미를 갖고 있으며,

손가락을 이용하여 수를 헤아린다는 뜻에서 아라비아 숫자 0부터 9까지의 어느 하나를 가리키는 말로 쓰인다. 전기·전자 공학에서는 '계수형의' 또는 '계수형'이라고 쓰이며, 연속적인 시간에 대하여 불연속적인 값을 갖는 것을 의미하며, 디지털 데이터로는 불연속적인 이산값으로 나타낸다.

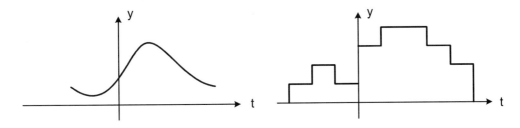

그림 1-1 연속적인 물리량과 불연속적인 물리량

물리량을 전압 또는 전류 등의 표현 방법을 이용하여 나타낼 때, 이를 신호(signal)라고 하며, 아날로그 데이터를 나타내는 신호는 아날로그 신호, 디지털 데이터를 나타내는 신호는 디지털 신호라 한다. 또 이러한 신호들을 처리하여 우리에게 유용한 정보로 만들어주는 전기·전자 회로를 아날로그 회로와 디지털 회로라고 한다.

자연계에서 발생하는 물리적 양은 시간에 따라 연속적으로 변하는 것이 많다. 온도, 습도, 가스 농도, 소리의 크기, 빛의 강도 등은 시간에 따라 연속적인 값을 가진다. 이런 양을 전자적으로 측정하기 위하여 트랜스듀서(transducer)를 거쳐 전기적 신호로 변환한 경우, 이 전기적 신호는 원래의 물리적 양과 유사한 것으로서 연속적인 값을 가지게 된다. 이러한 신호를 우리는 아날로그 신호라고 말한다. 반면에 디지털 회로에서는 확연히 구별되는 두 레벨을 갖는 신호를 다룬다.

그림 1-2에는 아날로그 신호와 디지털 신호의 시간적 변화를 나타낸다.

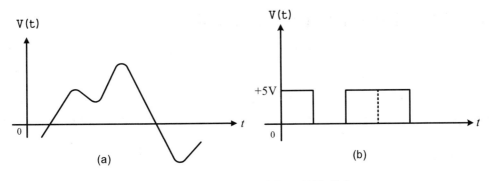

그림 1-2 아날로그 신호와 디지털 신호

1-2. 비트, 바이트, 워드

0, 1, 2, ……, 9 등 10개의 숫자(digit)를 10진 숫자(decimal digit)라고 한다. 디지털 시스템에서는 수(number)를 0, 1의 두 숫자만으로 표시한다. 이 0, 1을 bit(binary digit의 약어)라고 한다. 10진수를 10진 숫자의 열(예 : 209)로써 표시하는 것과 같이 컴퓨터에서는 모든 수를 비트의 열(예 : 101101)로써 표시한다. 예컨대 2비트로서는 00, 01, 10, 11 등 4개의 수(0 ~ 3까지)를 표시할 수 있고 3비트로서는 000, 001, 010, 011, 100, 110, 111 등 8개의 수 (0 ~ 7)를 표시할 수 있다. 이와 같은 수를 2진수(binary number)라고 한다. 특히 8비트를 1byte라고 부른다. 16비트는 2바이트, 32비트는 4바이트와 같다.

비트의 열로서 이상과 같이 수치(numerical value)를 나타나게 할 뿐만 아니라 문자(character), 기호(symbol) 또는 명령(instruction)을 나타나게 할 수도 있다. 컴퓨터 키보드에는 0, 1, 2, … 등의 숫자뿐만 아니라 A, B, C, … 등의 문자, , !, $, 등의 기호, DEL, CR, ESC 등의 명령이 있다. 이들 키를 누를 때마다 각각 1바이트의 부호(code)로 변환되어 컴퓨터에 입력된다. 컴퓨터에 유용한 일을 시키려면 컴퓨터마다 엄격히 정해진 명령 세트(instrcution set) - 물론 비트의 열로 부호화됨을 - 을 이용하여 데이터(data : 수치, 문자, 기호 등)와 힘께 프로그램을 각성해야 한다.

주어진 컴퓨터에서 데이터는 일정한 개수의 비트를 그룹으로 하여 취급된다. 이것을 워드(word)라고 부른다. 예컨대 16비트 컴퓨터라는 것은 워드의 길이(word length)가 16비트임을 뜻하고 거기서 모든 데이터와 명령은 2바이트를 기본으로 하여 입력, 이송, 처리, 저장된다. 워드의 길이가 긴 컴퓨터일수록 더 큰 수를 다룰 수 있고, 고속·정확한 처리가 가능하다.

1-3. 2진수의 0과 1에 대한 전압의 범위

일반적으로 부호 '0'은 0[V], 부호 '1'은 5[V]라고 말하지만, 실제로 실험하면서 측정해 보면 정확하게 0[V], 5[V]는 측정되지 않는다. 그러므로 부호 '0'과 '1'에 대한 전압의 범위를 설정해 놓았다. 부호 '0'의 전압범위는 0 ~ 0.4[V]이고, 부호 '1'의 전압범위는 3 ~ 5[V]이다. 그림 1-3에서 2진수의 '0'과'1' 1에 대한 전압의 범위를 표시한다.

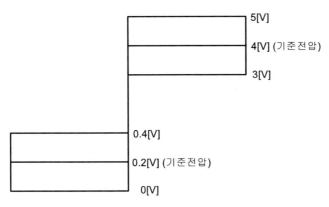

그림 1-3 2진수의 0과 1에 대한 전압의 범위

1-4. IC (Integrated Circuit ; 집적회로)

1958년 I. S. Kibly에 의한 집적회로(integrated circuit : IC)의 개발은 트랜지스터의 발명 이후 전자 공학에 또 하나의 큰 혁명을 가져온 사건으로서, 오늘날 그 집적도는 더욱 증대하고 기능은 더욱 고도화되어 나날이 새로운 IC들이 개발되고 있다. 실로 현대의 전자 공업은 IC의 전쟁이라고 해도 과언이 아니다.

IC는 Integrated Circuit의 약자로서 집적회로의 의미를 갖는다. IC는 chip이라 불리우는 Si 반도체 위에 많은 저항, 콘덴서, 다이오드, 트랜지스터 등의 전자부품을 소형화해서 1개의 적은 Package 속에 넣은 것이다. 이 칩은 세라믹 또는 플라스틱 기판에 부착시켜 필요한 외부 pin에 연결한다. 외부 핀의 수는 내부 회로에 따라 적게는 6개, 많게는 100개 이상 되기도 한다.

IC는 개별부품으로 구성한 회로에 비하여 다음과 같은 이점을 갖는다.
(1) 소형, 경량화가 가능하다.
(2) 가격이 저렴하다.
(3) 전력소비가 적다.
(4) 고장률이 낮다. (소자간의 결선이 칩상에서 이루어지고 있기 때문)
(5) 외부 결선의 수가 줄어든다.
(6) 고속 동작이 가능하다.

또한, IC는 반도체 제작 기술의 진보에 따라 한 실리콘 칩에 넣을 수 있는 gate수가 크게 증가하고 있으며, 그 집적밀도에 따라 IC를 다음과 같이 분류한다.

① SSI(Small Scale Integration : 소밀도 집적회로) : 한 package에 10개 이내의 gate를 갖는 IC

② MSI(Medium Scale Integration : 중밀도집적회로): 한 package에 10~100개의 gate를 갖는 IC

③ LSI(Large Scale Integration : 고밀도집적회로): 한 package에 100개 이상의 gate를 갖는 IC

④ VLSI(Very LSI : 초고밀도 집적회로): 한 package에 수천 개의 gate를 갖는 IC

1-5. 디지털 IC의 종류

디지털 IC는 바이폴러형(Bipolar type)과 유니폴러형(Unipolar type)으로 나누어지는데 그 종류는 표 1-1과 같다.

디지털 IC에서 바이폴러형은 동작속도가 빠르지만 집적도가 적다. 그것에 비하여 유니폴러형(MOS형)은 동작이 느리지만 집적도가 크다.

특히 CMOS(Complementary metal oxide semiconductor)는 소비전력이 적기 때문에 선사계산기, 디지털시계 등에 그 이용범위가 넓다. TTL IC와 C-MOS IC의 특징과 장단점을 표 1-2에 나타내었다.

표 1-1 디지털 IC의 종류

구분	종	류	설 명	대표적인 패밀리
바이폴러	DTL		Diode & Transistor Logic	현재 거의 사용하지 않음
	TTL	표준 TTL	Transistor & Transistor Logic	SN 54, SN 74 시리즈
		저전력 TTL	Low Power TTL	SN 54L, SN 74L 시리즈
		고속도 TTL	Hight Speed TTL	SN 54H, SN 74H 시리즈
		쇼트키 TTL	Schottky Barrier Diode TTL	SN 54S, SN 74S 시리즈
		저전력 쇼트키 TTL	Low Power Schottky B.D. TTL	SN 54LS, SN 74LS 시리즈
		어드밴스드·쇼트키 TTL	Advanced Schottky B.D.TTL	SN 54AS, SN 74AS 시리즈
		저전력 어드벤스드·쇼트키 TTL	Advanced Lpw Power S.B.D.TTL	SN 54ALS, SN 74ALS 시리즈
	ECL		Emitter Coupled Logic	ECL 10000시리즈
	IIL		Intergrated Injection Logic	저전압, 저소비 전력이나 주로 SI

표 1-1 디지털 IC의 종류(계속)

구분	종 류	설 명	대표적인 패밀리
유니폴러	P-MOS	P-Channel Metal Oxide Semiconductor	저전압, 저소비 전력이나 주로 SI
	N-MOS	N-Channel Metal Oxide Semiconductor	
	C-MOS	Complementary MOS	CD4000, MC14500 시리즈
	고속 C-MOS	High Speed MOS	TC 40H, TC74HC 시리즈 등

표 1-2 TTL과 C-MOS IC의 비교

특성 \ IC	TTL	C-MOS
사용전원 전압	직류 5V ± 5%	직류 3 ~ 16V
소비전류 (IC 1개당)	8~100mA	수 nA(n = 10^{-9}) 거의 제로임
소비 전력	10mW	10nW
사용가능 주파수	30 ~ 40㎒ 이상까지도 사용 가능	2 ~ 5㎒ 이상에서는 사용이 불가 HC시리즈에서 보완
기타 특징	발열이 많고 전기회로가 요구하는 거의 모든 기능의 IC가 갖추어져 있으며, 가격이 싸고 구하기 쉽다.	집적도가 높고 정전기에 주의해야 하며 가격이 비싼 편이다.
Type	74LSxx, 74ALSxx, 74Fxx, 74ASxx	40xxx, 14xxx, 74HCxxx

1-6. 디지털 IC 패밀리에서의 High와 Low level

디지털 IC 패밀리에서의 High와 Low level은 표 1-3에 나타내었다.

표 1-3 디지털 IC 패밀리에서의 High와 Low level

공급전원[V] / IC family type	High level 전압[V]		Low level 전압[V]	
	범위	대표치	범위	대표치
TTL-->VCC = 5[V]	2.4~5[V]	3.5[V]	0~0.4[V]	0.2[v]
ECL-->VEE = -5.2[V]	-0.95~0.7[V]	-0.8[V]	-1.9~1.6[V]	-0.8[v]
CMOS-->VDD = 3~18[V]	3~18[V]	15[V]	0~0.5[V]	0[v]
정논리(POSITIVE LOGIC)	논리 眞値=1		논리 虛値=0	
부논리(NEGATIVE LOGIC)	논리 眞値=0		논리 虛値=1	

1-7. IC의 보는 방법과 사용 방법

일반적으로 사용되고 있는 IC의 형태는 듀얼 인라인 패키지(Dual inline package)이다 (약칭 DIP이라 한다). IC는 일반적으로 핀의 수에 따라서 사용하는 방법이 다르며, 핀의 수는 DIP에서는 14핀, 16핀, 24핀 등이 있다. 그림 1-4에 디지털 IC의 외관도의 예를 표시한다.

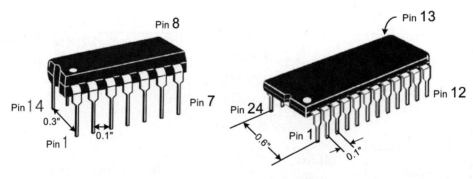

그림 1-4 디지털 IC의 외관도

IC 핀의 번호를 붙이는 방법은 그림 1-5와 같고, IC를 상면에서 보아 목인에서 반시계 방향으로 1, 2, 3,…으로 번호를 붙인다.

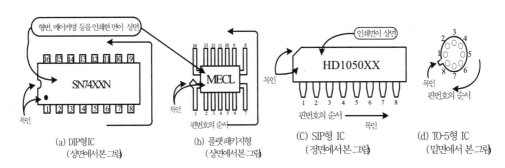

그림 1-5 IC의 핀번호 표시방법

1-8. 디지털 IC 논리군과 그 특성

디지털 시스템 회로 구성 시 사용되는 전자 부품들은 각기 그 특성에 따라 하나의 group을 형성하고 있으며, 그 group을 논리군(Logic family)이라 하고, 현재 널리 쓰이고 있는 IC group은 다음과 같다.

TTL   : Transistor Transistor Logic
ECL   : Emitter Coupled Logic
MOS   : Metal Oxide Semiconductor
CMOS   : Complementary Metal Oxide Semiconductor
IIL   : Integrated Injection Logic

디지털 IC의 속도 – 소비전력 특성은 표 1-4와 같다.

표 1-4 Digital IC 논리군의 속도-소비전력 특성

IC 논리군	팬 아웃	전력 소모(mW)	전달지연시간(ns)	잡음 허용치(V)
표준 TTL	10	10	10	0.4
쇼트키 TTL	10	22	3	0.4
저전력쇼트키 TTL	20	2	10	0.4
ECL	25	25	2	0.2
CMOS	50	0.01	25	3

※ Fan out(팬 아웃) : IC가 정상적인 동작을 유지하는 범위 내에서 최대로 연결할 수 있는 표준 부하의 수로서, 즉 1개의 IC로 몇 개의 다른 IC를 구동할 수 있는가를 나타낸다.

1-9. TTL IC의 명명법

각 제작 회사마다 다르나 흔히 사용하고 있는 회사의 제품을 설명하면 다음과 같다.

SN	74	LS	00	A	J
(1)	(2)	(3)	(4)	(5)	(6)

(1) 제조 회사명

SN	: Texas Instrument	MC	: Motorola
DM	: National	IM	: Intersil
N	: Signetics	MM	: Monolithic Memories
P	: Intel	H	: Harries
F	: Fairchiled	AM	: Advanced Micro Devices

(2) 동작온도 범위

54	: $-55°$ C ~ $125°$ C	74	: $0°$ C ~ $+70°$ C
2	: $0°$ C ~ $75°$ C	3	: $55°$ C ~ $+70°$ C

(3) TTL의 분류

54/74	: 표준 TTL	54S/74S	: 쇼트키(Schottky) TTL
54H/74H	: 고전력 TTL	54L/74L	: 저전력 TTL
54LS/74LS	: 저전력쇼트키 TTL	54HC/74HC	: CMOS version

(4) 회로의 기능을 표시하는 연속번호

(5) 특성 개선을 표시하는 알파벳

(6) 패키지의 형태

J	: ceramic DIP	N	: 플라스틱 평판형 package
T	: 금속 평판형 package	W	: 세라믹 평판형 package

◈ 예제

① SN 74 LS 11 N : Texas Instrument에서 제작된 것으로 상용(0° ~ +70℃)에서
사용되고 3 - 입력 AND 게이트, 저전력 쇼트키 TTL, 플라스틱 DIP

② MC 74 F 08 N : Motorola에서 제작된 것으로 상용(0° ~ +70℃)에서 사용되고
AND 게이트, 빠른 저전력 쇼트키 TTL, 플라스틱 DIP

◈ TTL IC 일련번호 분류

표 14-5 TTL IC 일련번호 분류

	일련번호 분류	종 류
1	0 ~ 30 번대	게이트류
2	41 ~ 49 번대	디코더류
3	50 ~ 55 번대	AND OR INVERT 류
4	70 번대	플립플롭류
5	80 번대	가산기류
6	90 번대	카운터, 레지스터류
7	200 번대, 300 번대	100 번대 이하 개량품

1-10. 디지털 IC 사용상의 주의점

① 회로간의 배선 길이를 가능한 짧게 한다.
② 색깔 배선을 효과적으로 이용한다. 예를 들어 (+)전원 라인은 적색,
(−)전원 라인은 청색, ground 라인은 흑색을 사용한다.
③ Ground라인을 연결할 때 loop를 만들지 않는다.
④ 배선이 길어질 때는 트위스트 페어선을 이용한다.
⑤ CMOS는 정전기에 약하므로 사용하지 않을 때에는 은박지로 포장해 둔다.
⑥ TTL을 사용할 때 전원 전압이 5V를 넘지 않게 한다.
⑦ CMOS에서 V_{DD}는 (+)전원, V_{SS}는 (−)전원이나 ground를 표시한다.
⑧ 여러 개의 IC를 상호 연결할 때는 IC의 V_{CC}와 ground 사이에 condenser 0.01
μF를 연결한다.

♥ NOTE ♥

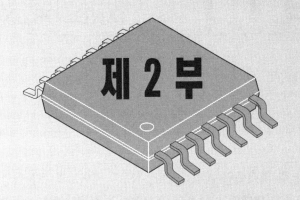

제 2 부

논리 게이트 및 부울대수 실험

실험 1 | 기본 논리 게이트 (AND, OR, NOT)

 실험 목적

> 1. 기본 TTL 논리 게이트인 AND, OR, NOT 게이트의 기본적인 동작을 이해한다.
> 2. 기본 논리회로를 이해하고 회로의 구성방법과 측정방법을 습득한다.

 이 론

1. AND 게이트

AND 게이트는 두 입력이 모두 '1'일 때만 그 출력이 '1'이 되는 논리회로를 말하며, 만일 한 입력이 '1'이고 다른 입력이 '0'이고 또, 두 입력 모두가 '0'이면 출력은 '0'이 된다. 그림 1-1과 표 1-1에 AND 게이트의 기호 및 진리표를 나타냈다.

표 1-1 AND 게이트 진리표

입 력		출력
A	B	Y=A·B
0	0	0
0	1	0
1	0	0
1	1	1

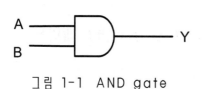

그림 1-1 AND gate

AND 게이트의 출력 부울대수식은 다음과 같으며,

$$Y = A \cdot B$$

이 식은 "Y = A and B"로 읽고, A와 B 모두 "High"일 때 출력 Y가 "High"로 된다는 것을 의미한다. 그리고 대수 A·B는 "·"를 제거하고 간단히 AB로 나타낼 수 있다.

$$A \cdot B = Y, \quad AB = Y$$

2. OR 게이트

OR 게이트는 입력 중 어느 하나 또는 두 개가 모두 1일 때 출력이 1인 논리회로를 말하며 OR 게이트의 기호 및 진리표를 각각 그림 1-2와 표 1-2에 나타냈다.

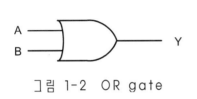

그림 1-2 OR gate

표 1-2 OR 게이트 진리표

입 력		출력
A	B	Y=A+B
0	0	0
0	1	1
1	0	1
1	1	1

OR 게이트의 출력 부울대수식은 다음과 같으며,

$$Y = A + B$$

이 식은 "Y = A or B"로 읽고, 입력 A나 B가 "high"일 때 출력 Y가 "High"로 된다는 것을 의미한다.

3. NOT 게이트

NOT(Inverter)게이트는 하나의 입력과 출력을 가지며, 논리적 부정 연산을 수행하고 논리적 부정을 나타낸다. 그림 1-3, 표 1-3에 NOT게이트의 기호와 진리표를 나타냈다. 출력 $Y=\overline{A}$ 즉, A=0이면 출력 Y=1 상태이고, A=1이면 출력 Y=0 상태가 된다.

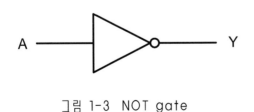

그림 1-3 NOT gate

표 1-3 NOT 게이트 진리표

입력	출력
A	Y
1	0
0	1

NOT 게이트의 출력 부울대수식은 다음과 같으며,

$$Y = \overline{A}$$

이 식은 "Y = A bar"로 읽고, "A"가 한 상태의 변수를 나타낸다면 "$\overline{A}$"는 그 반대 상태를 나타낸다.

4. LED로 출력 확인하는 방법

본 교재의 실험에서 출력 신호를 관찰하기 위해서 발광 다이오드(LED)를 이용하여 출력 신호를 관찰하도록 한다. 그림 1-4는 일반 출력 방식의 게이트 출력 신호를 LED를 이용하여 "HIGH" 또는 "LOW"를 판정하는 회로이다.

표준 게이트가 "1" 또는 "HIGH"일 때 출력 단자에서 약 0.4[㎃]의 전류가 유출되고, "0" 또는 "LOW"일 때 출력 단자에서 약 8[㎃]의 전류가 유입된다. 그러나 표준 LED는 약 20[㎃]의 전류를 필요로 하기 때문에 "HIGH"일 때 약 0.4[㎃]의 유출 전류로는 충분히 LED를 밝힐 수 없다. 그림 1-4(a)와 같이 회로를 구성할 경우 LED가 희미하게 작동함을 알 수 있을 것이다. 그렇지만 그림 1-4(b)와 같이 회로를 구성할 경우 LED가 충분히 작동함을 볼 수 있을 것이다. 또한 그림 1-4(b)와 같이 회로를 구성할 경우 330[Ω] 정도의 저항을 반드시 연결해야만 LED 파손을 방지할 수 있다.

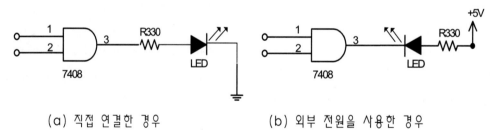

(a) 직접 연결한 경우　　　　(b) 외부 전원을 사용한 경우

그림 1-4 LED로 출력을 확인하는 방법

🔲 사용기기 및 부품

· 논리실험장치(Digital Logic Lab. Unit)
· 직류 전원 공급 장치(DC Power Supply)
· Oscilloscope

- 74LS04(NOT 게이트)
- 74LS08(2 – 입력 AND 게이트)
- 74LS11(3 – 입력 AND 게이트)
- 74LS32(2 – 입력 OR 게이트)
- LED
- 저항 330Ω

🔌 실험과정

1. AND 게이트

(1) 그림 1-5의 AND 게이트 회로를 구성하시오. 그리고 출력 Y에 LED를 연결하여 LED가 ON 되는 경우에는 '1', OFF되는 경우에는 '0'으로 표시한다.

이때 전원은 반드시 14번 핀(pin) V_{CC}에는 +5[V], 7번 핀 GND에는 0[V]에 연결하여야 한다.

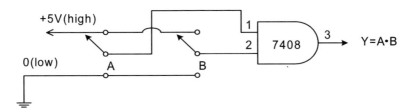

$$전원 \begin{cases} V_{CC} = +5[V] \ (14핀) \\ GND = 0[V] \ (7핀) \end{cases}$$

그림 1-5 AND 게이트 실험 회로

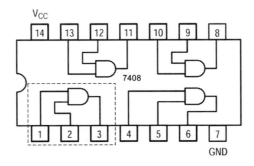

그림 1-6 IC 7408 게이트 구조

(2) 그림 1-5의 회로에서 여러 가지 입력을 조합하여 다음의 진리표 표 1-4를 작성하여라.

표 1-4 AND 게이트 진리표

입 력		출력
A	B	$Y = A \cdot B$
0	0	
0	1	
1	0	
1	1	

(3) 그림 1-7과 그림 1-8의 두 회로를 구성하시오.

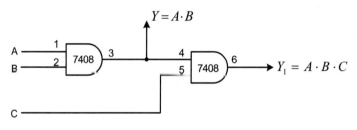

그림 1-7 3입력 AND 게이트 회로

그림 1-8 3입력 AND 게이트

(4) 그림 1-7과 그림 1-8에서 입력 A, B, C의 선택에 따른 다음의 진리표 표 1-5를 완성하시오.

표 1-5 3입력 AND 게이트 진리표

입 력			출 력	
A	B	C	Y_1	Y_2
0	0	0		
1	0	0		
0	1	0		
1	1	0		
0	0	1		
1	0	1		
0	1	1		
1	1	1		

2. OR 게이트

(1) 그림 1-9의 OR 게이트 회로를 구성하시오.

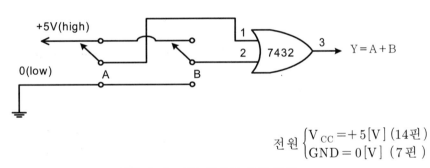

$$\text{전원} \begin{cases} V_{CC} = +5[V] \ (14핀) \\ GND = 0[V] \ (7핀) \end{cases}$$

그림 1-9 OR 게이트 실험 회로

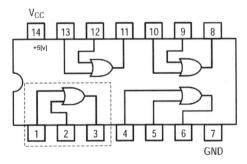

그림 1-10 IC 7432 게이트 구조

(2) 그림 1-10의 회로에서 여러 가지 입력을 조합하여 다음의 진리표 표1-6을 작성하여라.

표 1-6 OR 게이트 진리표

입 력		출 력
A	B	Y = A + B
0	0	
0	1	
1	0	
1	1	

3. NOT 게이트

(1) 그림 1-11의 NOT 게이트 회로를 구성하시오.

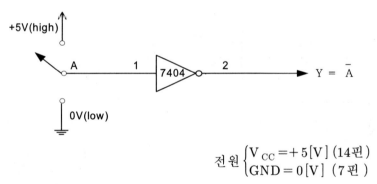

$$\text{전원} \begin{cases} V_{CC} = +5[V] \ (14핀) \\ GND = 0[V] \ (7핀) \end{cases}$$

그림 1-11 NOT 게이트 실험 회로

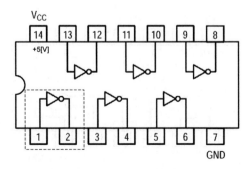

그림 1-12 IC 7404 게이트 구조

(2) 그림 1-11의 회로에서 여러 가지 입력을 조합하여 다음의 진리표 표 1-7을 작성하여라.

표 1-7 NOT 게이트 진리표

입 력	출 력
A	$Y = \overline{A}$
1	
0	

(3) 그림 1-13의 회로를 구성하고, 입력 A의 변화에 따른 출력 Y_1과 Y_2를 다음의 진리표 표 1-8에 작성하시오.

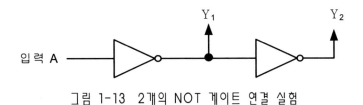

그림 1-13 2개의 NOT 게이트 연결 실험

표 1-8 그림 1-13의 측정 결과

입 력	출 력	
A	Y_1	Y_2
0		
1		

♥ NOTE ♥

⌘ 실험 1. 실험 결과 보고서 ⌘

실험제목 :	일 자 :	실험조 :
학 번 :	성 명 :	

1. 실험 결과

1)

표 1-4 AND 게이트 진리표

입	력	출력
A	B	Y = A · B
0	0	
0	1	
1	0	
1	1	

2)

표 1-5 3입력 AND 게이트 진리표

입	력		출	력
A	B	C	Y_1	Y_2
0	0	0		
1	0	0		
0	1	0		
1	1	0		
0	0	1		
1	0	1		
0	1	1		
1	1	1		

3)

표 1-6 OR 게이트 진리표

입 력		출 력
A	B	Y = A + B
0	0	
0	1	
1	0	
1	1	

4)

표 1-7 NOT 게이트 진리표

입 력	출 력
A	$Y = \overline{A}$
1	
0	

5)

표 1-8 그림 1-13의 측정 결과

입 력	출 력	
A	Y_1	Y_2
0		
1		

2. 실험 결과 고찰

(1) 디지털 회로에서 HIGH 상태와 LOW 상태의 전압 범위에 대하여 설명하시오.

(2) 2진수의 0과 1의 표시 방법을 조사 설명하시오.

(3) IC의 핀 배치는 어떤 방향으로 진행하면서 번호가 붙여지는가?

(4) 2 입력 AND 게이트와 다중 입력 AND 게이트와의 차이점에 대하여 설명하시오.

(5) LED에 보호 저항 330Ω을 연결하는 이유는 무엇인가?

실험 2 │ Universal 게이트 (NAND, NOR)

실험 목적

AND, OR, NOT 게이트를 비롯한 모든 논리 게이트를 표현할 수 있는 NAND, NOR 게이트의 기본적인 동작을 이해하고, 회로의 구성방법과 측정방법을 습득한다.

이 론

NAND, NOR 게이트로만으로 어떠한 디지털 논리회로도 나타낼 수 있다. 즉, NAND, NOR 게이트로 AND, OR, NOT 게이트를 비롯한 모든 논리 게이트를 표현할 수 있다는 이유로 NAND, NOR 게이트를 만능 게이트(Universal Gate)라 부른다.

1. NAND 게이트

AND 게이트와 NOT 게이트를 결합한 회로가 NAND 게이트이다. NAND 게이트의 구성은 AND 게이트 출력단에 인버터를 삽입한 형태로서 다음의 그림 2-1과 같다.

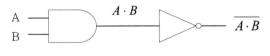

그림 2-1 AND-NOT 게이트

NAND 게이트는 NOT의 N자와 AND를 합하여 NAND라는 이름을 붙였다.

입력 A, B가 모두 '1'일 때 AND게이트의 출력은 '1'이 되지만 NAND 게이트의 출력은 '0'이 되고, 입력 신호 중 어느 하나라도 '0'이 되면 NAND 게이트의 출력은 '1'이 되는 논리회로이다. 그림 2-2와 표 2-1에 NAND 게이트의 기호 및 진리표를 나타냈다.

31

표 2-1 NAND 게이트 진리표

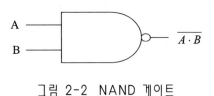

그림 2-2 NAND 게이트

입 력		출력
A	B	Y
0	0	1
0	1	1
1	0	1
1	1	0

2. NOR 게이트

NOR 게이트는 OR 게이트와 NOT 게이트를 결합한 회로로서 NOT의 N자와 OR를 합하여 NOR라는 이름을 붙였다. NOR 게이트는 OR게이트와 인버터가 결합된 것으로 이 게이트는 그림 2-3과 같이 구성할 수 있다.

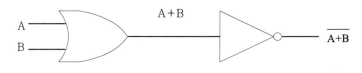

그림 2-3 OR-NOT 게이트

입력 A, B가 모두 '0'일 때 OR 게이트 출력은 '0'이나, NOR 게이트 출력은 '1'이 되는 회로이다. 그림 2-4와 표 2-2에 NOR 게이트의 기호 및 진리표를 나타냈다.

표 2-2 NOR 게이트 진리표

A ——⤵
B ——⤴ $\overline{A+B}$

그림 2-4 NOR 게이트

입 력		출력
A	B	Y
0	0	1
0	1	0
1	0	0
1	1	0

📀 사용기기 및 부품

· 논리실험장치(Digital Logic Lab. Unit)

· 직류 전원 공급 장치
· Oscilloscope
· 74LS00(2 – 입력 NAND 게이트)
· 74LS02(2 – 입력 NOR 게이트)
· 74LS04(NOT 게이트)
· 74LS08(2 – 입력 AND 게이트)
· 74LS32(2 – 입력 OR 게이트)
· LED
· 저항 330Ω

실험과정

1. NAND 게이트

(1) 그림 2-5의 회로를 구성하시오.

　　LED L1은 NAND 게이트 출력에 직접 연결되고, L2는 인버터를 거친 AND 게이트를, L3는 A · B의 AND 게이트를 디스플레이 한다.

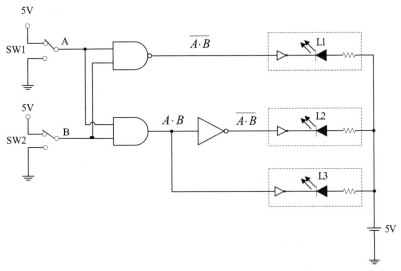

그림 2-5　NAND와 NOT-AND 게이트 실험 구성

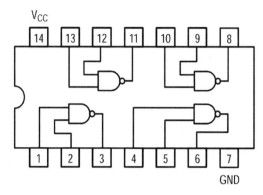

그림 2-6 IC 7400 게이트 구조

(2) 그림 2-5의 회로에서 여러 가지 입력을 조합하여 다음의 진리표를 작성하여라.

표 2-3 그림 2-5의 측정 결과

입 력		출 력		
A	B	L1	L2	L3
0	0			
0	1			
1	0			
1	1			

2. NAND 게이트 응용 회로

(1) 그림 2-7의 회로를 구성하시오. 출력 X, Y에는 LED를 연결하여 실험하시오.

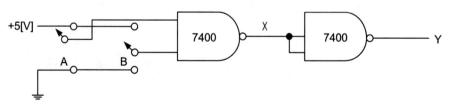

그림 2-7 NAND 게이트 응용 회로

(2) 그림 2-7의 회로에서 여러 가지 입력을 조합하여 실험하며 다음의 진리표를 작성
하여라.

표 2-4 그림 2-7의 측정 결과

입 력		출 력	
A	B	X	Y
0	0		
0	1		
1	0		
1	1		

3. NOR 게이트

(1) 그림 2-8의 회로를 구성하시오.

　　LED L1은 NOR 게이트 출력에 직접 연결되고, L2는 인버터를 거친 OR 게이트를, L3는 A+B의 OR 게이트를 디스플레이 한다.

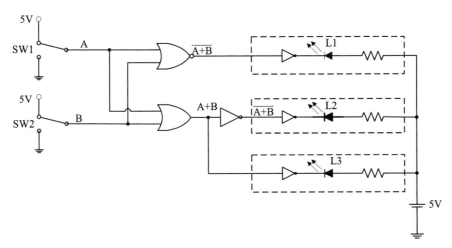

그림 2-8 NOR와 NOT-OR 게이트 실험 회로

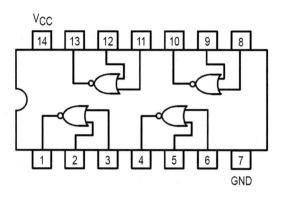

그림 2-9 IC 7402 게이트 구조

(2) 그림 2-8의 회로에서 여러 가지 입력을 조합하여 다음의 진리표를 작성하여라.

표 2-5 그림 2-8의 측정 결과

입 력		출 력		
A	B	L1	L2	L3
0	0			
0	1			
1	0			
1	1			

4. NOR 게이트 응용 회로

(1) 그림 2-10의 회로를 구성하시오. 출력 X, Y에는 LED를 연결하여 실험하시오.

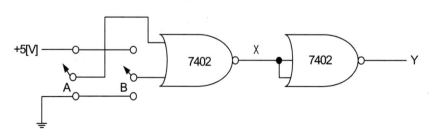

그림 2-10 NOR 게이트 응용 회로

(2) 그림 2-10의 회로에서 여러 가지 입력을 조합하여 실험하며 다음의 진리표를 작성
하여라.

표 2-6 그림 2-10의 측정 결과

입 력		출 력	
A	B	X	Y
0	0		
0	1		
1	0		
1	1		

♥ NOTE ♥

⌘ 실험 2. 실험 결과 보고서 ⌘

실험제목 :		일 자 :	실험조 :
학 번 :		성 명 :	

1. 실험 결과

1)

표 2-3 그림 2-5의 측정 결과

입 력		출 력		
A	B	L1	L2	L3
0	0			
0	1			
1	0			
1	1			

2)

표 2-4 그림 2-7의 측정 결과

입 력		출 력	
A	B	X	Y
0	0		
0	1		
1	0		
1	1		

3)

표 2-5 그림 2-8의 측정 결과

입 력		출 력		
A	B	L1	L2	L3
0	0			
0	1			
1	0			
1	1			

4)

표 2-6 그림 2-10의 측정 결과

입 력		출 력	
A	B	X	Y
0	0		
0	1		
1	0		
1	1		

2. 실험 결과 고찰

(1) NAND 게이트의 실험에서 74LS00의 입력단자를 개방했을 때 출력의 논리 상태는 무엇인가?

(2) 그림 2-7의 회로에서 NAND 게이트에 하나의 입력으로 인가했을 경우 NOT 게이트와의 차이점을 설명하시오.

(3) 그림 2-10의 회로에서 NOR 게이트에 하나의 입력으로 인가했을 경우 NOT 게이트와의 차이점을 설명하시오.

(4) NAND 게이트를 이용하여 AND, OR, NOT 게이트를 구성하여라.

(5) NOR 게이트를 이용하여 AND, OR, NOT 게이트를 구성하여라.

♥ NOTE ♥

실험 3	Bool 대수 법칙을 이용한 논리회로의 간단화

 실험 목적

Bool 대수의 법칙을 이해하고, 이의 응용과 논리회로의 간단화 방법을 익힌다.

이 론

Bool 대수는 1854년 영국의 수학자 George Boole이 논리의 수학적 해석을 위하여 제안한 것으로 논리학 및 기초 수학에 응용하였다. 한편 1938년 미국의 Shannon은 전기적 스위칭 회로가 이 대수에 의해 응용될 수 있음을 발견하고 전자계산기, 전자교환기, 디지털 제어장치 등에 급격히 이용하게 되어 현재에까지 이르게 되었다.

부울대수는 논리회로 설계나 특성 해석, 논리회로 합성 등에 있어 실제 회로의 접점수나 소자수의 절약에 응용되고 있다.

1. 논리곱의 법칙

    (1) $A \cdot 0 = 0$

    (2) $A \cdot 1 = A$

    (3) $A \cdot A = A$

    (4) $A \cdot \overline{A} = 0$

2. 논리합의 법칙

    (5) $A + 0 = A$

    (6) $A + 1 = 1$

    (7) $A + A = A$

    (8) $A + \overline{A} = 1$

3. 교환 법칙

(9) $A \cdot B = B \cdot A$

(10) $A + B = B + A$

4. 결합 법칙

(11) $(A \cdot B)C = A(B \cdot C) = ABC$

(12) $(A + B)+C = A+(B + C) = A+B+C$

5. 분배 법칙

(13) $AB + AC = A(B+C)$

(14) $(A + B)(C + D) = AC + AD + BC + BD$

(15) $A + AB = A$

(16) $A + A\overline{B} = A$

(17) $(A + B)(A + C) = AA + AB + AC + BC = A + AB + AC + BC = A(1 + B) + AC + BC$
$$= A + AC + BC = A(1 + C) + BC = A + BC$$

사용기기 및 부품

· 논리실험장치(Digital Logic Lab. Unit)

· DC power supply

· Oscilloscope

· 74LS00(2 – 입력 NAND 게이트)

· 74LS04(NOT 게이트)

· 74LS08(2 – 입력 AND 게이트)

· 74LS32(2 – 입력 OR게이트)

· LED

실험과정

(1) 다음의 부울대수식의 유도과정을 부울대수 법칙을 이용하여 증명하라.

$$A(A+B) = A \tag{3-1}$$

$$
\begin{aligned}
\text{증명} : A(A+B) &= A \cdot A + A \cdot B \\
&= A + A \cdot B \\
&= A(1+B) \\
&= A
\end{aligned}
$$

(2) 부울대수식 (3-1)을 증명하기 위해 그림 3-1의 회로를 구성하고, 입력 A, B의 상태에 따른 출력값을 다음의 진리표 표 3-1에 작성하시오.

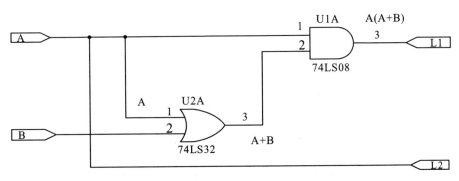

그림 3-1 부울대수식 (3-1)의 증명 회로

표 3-1 그림 3-1의 측정 결과

A	B	L1	L2
0	0		
0	1		
1	0		
1	1		

(3) 다음의 부울대수식의 유도과정을 부울대수법칙을 이용하여 증명하라.

$$(A+B)(A+C) = A+BC \tag{3-2}$$

$$
\begin{aligned}
\text{증명} : (A+B)(A+C) &= A \cdot A + AC + BA + BC \\
&= A + AC + BA + BC \\
&= A + BA + BC
\end{aligned}
$$

$$= A + AB + BC$$
$$= A + BC$$

(4) 부울대수식 (3-2)를 증명하기 위해 그림 3-2의 회로를 구성하고, 입력 A, B, C의 상태에 따른 출력값을 다음의 진리표 표 3-2에 작성하시오.

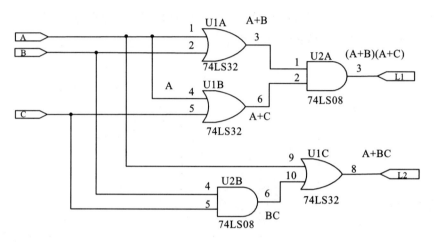

그림 3-2 부울대수식 (3-2)의 증명 회로

표 3-2 그림 3-2의 측정 결과

A	B	C	L1	L2
0	0	0		
0	0	1		
0	1	0		
0	1	1		
1	0	0		
1	0	1		
1	1	0		
1	1	1		

(5) 다음의 부울대수식의 유도과정을 부울대수법칙을 이용하여 증명하라.

$$A + \overline{A}B = A + B \qquad\qquad (3-3)$$

증명 : $A + \overline{A}B = (A + \overline{A})(A + B)$
  $= 1(A + B)$
  $= A + B$

(6) 부울대수식 (3-3)을 증명하기 위해 그림 3-3의 회로를 구성하고, 입력 A, B, C의
 상태에 따른 출력값을 다음의 진리표 표 3-3에 작성하시오.

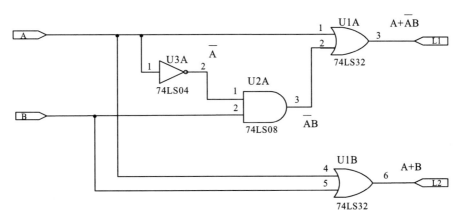

그림 3-3 부울대수식 (3-3)의 증명 회로

표 3-3 그림 3-3의 측정 결과

A	B	L1	L2
0	0		
0	1		
1	0		
1	1		

♥ NOTE ♥

⌘실험 3. 실험 결과 보고서⌘

실험제목 :	일 자 :	실험조 :
학 번 :	성 명 :	

1. 실험 결과

1)

표 3-1 그림 3-1의 측정 결과

A	B	L1	L2
0	0		
0	1		
1	0		
1	1		

2)

표 3-2 그림 3-2의 측정 결과

A	B	C	L1	L2
0	0	0		
0	0	1		
0	1	0		
0	1	1		
1	0	0		
1	0	1		
1	1	0		
1	1	1		

3)

표 3-3 그림 3-3의 측정 결과

A	B	L1	L2
0	0		
0	1		
1	0		
1	1		

2. 실험 결과 고찰

(1) 부울 대수의 결합 법칙 정리를 게이트 회로로 작성하시오.

(2) 부울 대수의 분배 법칙 정리를 게이트 회로로 작성하시오.

(3) 부울대수 법칙이 디지털 논리회로 설계시에 어떻게 응용이 될 수 있는가를 설명하시오.

(4) 그림 3-4의 논리회로에서 X와 Y에 대한 부울대수식을 구하고, 부울대수법칙을 이용하여 간략화하시오.

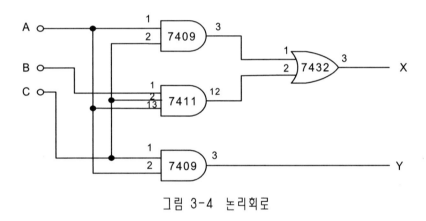

그림 3-4 논리회로

♥ NOTE ♥

실험 4 | De Morgan의 정리

 실험 목적

> 드 모르간의 정리를 이해하고, 이를 이용하여 논리식 및 논리회로의 등가변환을 이해한다.

이 론

논리식을 간략화하는데 간단히 사용할 수 있는 것으로 드 모르간의 정리가 있다. 이는 논리곱으로 표현된 논리식을 논리합으로, 논리합으로 표현된 논리식을 논리곱으로 표현할 수 있는 논리곱과 논리합의 변환정리이다. 우리가 논리회로를 설계할 때 드 모르간의 정리는 어떤 특정한 타입의 논리 게이트를 사용하여야 하는 제약을 줄여준다.

De Morgan의 정리는 다음의 두 항등식을 말한다.

(1) $\overline{A+B} = \overline{A} \cdot \overline{B}$
(2) $\overline{A \cdot B} = \overline{A} + \overline{B}$

처음 방정식 (1)은 합의 보수는 각 보수의 곱과 같다는 것을 뜻하며, 두 번째 방정식 (2)는 곱의 보수는 각각의 보수의 합과 같다는 것을 뜻한다. 위의 두 식을 일반화하면 임의의 입력 수에 대하여 다음과 같이 쓸 수 있다.

(3) $\overline{A+B+C+ \sim +Z} = \overline{A} \cdot \overline{B} \cdot \overline{C} \cdots \cdots \cdots \overline{Z}$
(4) $\overline{A \cdot B \cdot C \cdot \sim \cdot Z} = \overline{A} + \overline{B} + \overline{C} + \cdots\cdots + \overline{Z}$

식 (3), (4)를 De Morgan의 정리라 하며, 이 두 식은 NAND 게이트와 NOR 게이트의 응용 및 논리회로를 간소화시키는데 널리 이용되고 있다.

1. NOR gate

식(1)의 De Morgan정리를 논리회로로 나타내면 그림 4-1과 같다.

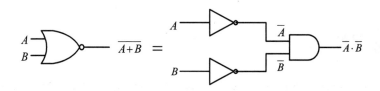

그림 4-1 $\overline{A} \cdot \overline{B} = \overline{A+B}$ 등가회로

2. NAND gate

식 (2)의 De Morgan정리를 논리회로로 나타내면 그림 4-2와 같다.

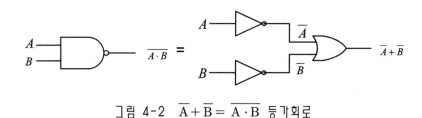

그림 4-2 $\overline{A} + \overline{B} = \overline{A \cdot B}$ 등가회로

사용기기 및 부품

- 논리실험장치(Digital Logic Lab. Unit)
- DC power supply
- Oscilloscope
- 74LS00(2 - 입력 NAND 게이트)
- 74LS04(NOT 게이트)
- 74LS08(2 - 입력 AND 게이트)
- 74LS32(2 - 입력 OR 게이트)
- LED

실험 과정

(1) 그림 4-3의 회로를 구성하고, 입력 A와 B를 변화시켜 그 출력을 진리표 표 4-1에 작성하여 등가회로임을 검증하라.

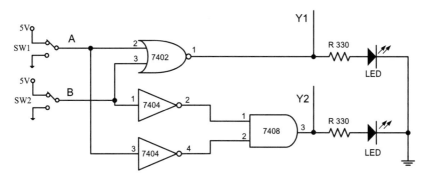

그림 4-3 $\overline{A + B} = \overline{A} + \overline{B}$의 등가회로

표 4-1 그림 4-3의 측정 결과

입 력		출 력	
A	B	Y1	Y2
0	0		
0	1		
1	0		
1	1		

(2) 그림 4-4의 회로를 구성하고, 입력 A와 B를 변화시켜 그 출력을 진리표 표 4-2에 작성하여 등가회로임을 검증하라.

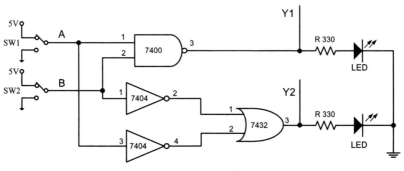

그림 4-4 $\overline{A \cdot B} = \overline{A} + \overline{B}$ 등가회로

표 4-2 그림 4-4의 측정 결과

입 력		출 력	
A	B	Y1	Y2
0	0		
0	1		
1	0		
1	1		

(3) 그림 4-5의 회로를 구성하고, 입력 A와 B를 변화시켜 그 출력을 진리표 표 4-3에 작성하여 등가회로임을 검증하라.

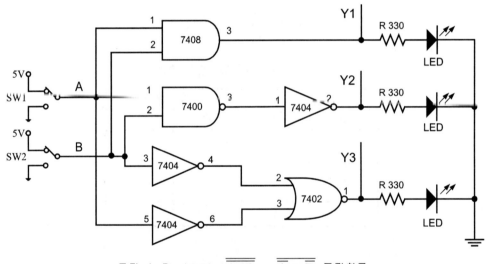

그림 4-5 $A \cdot B = \overline{\overline{A \cdot B}} = \overline{\overline{A} + \overline{B}}$ 등가회로

표 4-3 그림 4-5의 측정 결과

입 력		출 력		
A	B	Y1	Y2	Y3
0	0			
0	1			
1	0			
1	1			

(4) 그림 4-6의 회로를 구성하고, 입력 A와 B를 변화시켜 그 출력을 진리표 표 4-2에
작성하여 등가회로임을 검증하라.

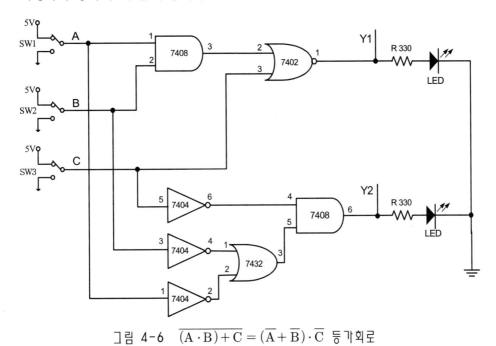

그림 4-6　$\overline{(A \cdot B) + C} = (\overline{A} + \overline{B}) \cdot \overline{C}$ 등가회로

표 4-4　그림 4-6의 측정 결과

입 력			출 력	
A	B	C	Y1	Y2
0	0	0		
0	0	1		
0	1	0		
0	1	1		
1	0	0		
1	0	1		
1	1	0		
1	1	1		

♥ NOTE ♥

⌘ 실험 4. 실험 결과 보고서 ⌘

실험제목 :		일 자 :	실험조 :
학 번 :		성 명 :	

1. 실험 결과

1)

표 4-1 그림 4-3의 측정 결과

입 력		출 력	
A	B	Y1	Y2
0	0		
0	1		
1	0		
1	1		

2)

표 4-2 그림 4-4의 측정 결과

입 력		출 력	
A	B	Y1	Y2
0	0		
0	1		
1	0		
1	1		

3)

표 4-3 그림 4-5의 측정 결과

입 력		출 력		
A	B	Y1	Y2	Y3
0	0			
0	1			
1	0			
1	1			

4)

표 4-4 그림 4-6의 측정 결과

입 력			출 력	
A	B	C	Y1	Y2
0	0	0		
0	0	1		
0	1	0		
0	1	1		
1	0	0		
1	0	1		
1	1	0		
1	1	1		

2. 실험 결과 고찰

(1) 드 모르간의 정리를 간단히 설명하시오.

(2) 다음 식을 부울 대수와 드 모르간의 정리를 이용하여 간단히 하시오.

① $\overline{AB} + \overline{\overline{A+B}}$

② $\overline{(\overline{A}+B)+CD}$

(3) 그림 4-7의 논리회로에서 출력 X와 Y에 대한 부울대수식을 구하고, 드 모르간의 정리를 적용하여 간략화하시오.

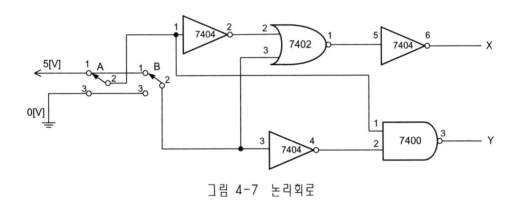

그림 4-7 논리회로

♥ NOTE ♥

실험 5 | Exclusive-OR 게이트
AND-OR-INVERT 게이트

실험 목적

Exclusive-OR 게이트와 AND-OR-INVERT 게이트의 논리함수를 이해하고, 이를 이용한 회로의 구성방법과 응용 회로를 구성하는데 목적을 둔다.

이 론

1. Exclusive-OR(XOR) 게이트

XOR 게이트는 2개 이상의 입력과 1개의 출력으로 구성되며, A, B 두 개의 입력이 서로 같을 때는 '0'이 되고, 서로 같지 않을 때만 출력이 '1'이 되는 논리회로를 Exclusive-OR 게이트(배타적 OR Gate)라 한다. 또한 3 입력 이상의 XOR 게이트에서는 입력신호의 "1"이 홀수 개일 때 "1"의 출력을 나타내고, 입력신호의 "1"이 짝수 개일 때 "0"의 출력을 나타내는 변형된 OR 게이트이다. 따라서 Boolean 함수로 표시할 때 원 안에 OR 연산자를 넣은 '⊕'형태로 표시한다. Exclusive-OR 회로의 기본 논리식을 출력 Y로 나타내면 다음과 같이 표시된다.

$$Y = A \cdot \overline{B} + \overline{A} \cdot B$$
$$= A \oplus B$$

따라서 위의 식을 논리기호로 표시하면 그림 5-1과 같이 나타낼 수 있다. 논리회로에서는 Exclusive-OR 게이트가 주로 사용되지만 2진수들의 비교, 착오의 검출, 코드의 변환 등에도 많이 쓰인다.

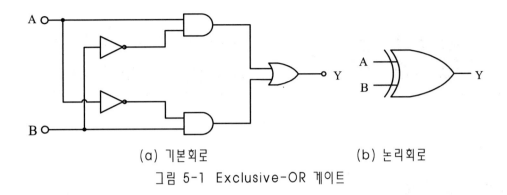

(a) 기본회로   (b) 논리회로

그림 5-1 Exclusive-OR 게이트

표 5-1 Exclusive-OR 게이트의 진리표

입 력		출 력	비 교
A	B	Y	
0	0	0	A=B
0	1	1	A≠B
1	0	1	A≠B
1	1	0	A=B

그림 5-1에 Exclusive-OR 게이트의 기본회로, 논리회로를 나타내었으며, 표 5-1에 Exclusive-OR게이트의 진리표를 나타내었다.

Exclusive-OR 회로를 이용하면 2진수 비트 '1'의 합계가 홀수인가 짝수인가를 판별할 수 있다. 이와 같은 논리회로를 패리티 검사기(parity-checker)라고 한다. 즉 두 입력 중 '1'이 한 개이면 출력이 '1'이 되고, 두 입력이 같은 때는 출력이 '0'이므로 입력 2진 비트의 수가 홀수인가 짝수인가를 판별할 수 있다.

2. Exclusive-OR 게이트의 응용

Exclusive-OR 게이트는 가산기, 크기비교기, 코드변환기 그리고 에러 검출에 사용되는 패리티 발생기와 검사기 등의 여러 분야에서 응용되고 있다.

◈ 패리티 발생기와 검사기

디지털 코드를 전송할 때 에러가 발생하면 문제를 야기시킬 수 있으므로 대부분의 디지털 시스템은 에러를 검출하기 위해 간단하면서도 효율적인 방법 중의 하나인 패리티 방법을 채택하고 있다. 이 방법에는 전송되는 코드에 한 비트의 패리티 비트를 덧붙여서 전체

1의 개수가 짝수가 되게 하는 짝수 패리티와 홀수가 되게 하는 홀수 패리티가 있다. 에러의 검출 방법은 코드를 전송할 때 패리티를 미리 정한 후 전송받은 코드가 정해진 패리티인지 아닌지를 검사한다.

 짝수 패리티를 사용하여 코드를 전송할 경우 전송받은 코드를 검사하여 전체 1의 개수가 짝수이면 에러가 발생하지 않았고, 홀수이면 에러가 발생하였음을 알게 된다. 패리티 방법은 한 비트의 에러만을 검출할 수 있고, 두 비트에서 에러가 발생하였을 경우에는 에러를 검출해내지 못한다.

 그림 5-2는 짝수 패리티를 이용한 패리티 발생기와 검사기이다.
 그림 5-2(a)는 Exclusive-OR 회로를 사용한 패리티 발생기의 한 예로서, 4비트의 데이터가 입력되면 출력에는 짝수 패리티 P가 발생된다. 이 패리티 비트는 데이터 비트와 함께 총 5비트로 전송된다. 그림 5-2(b)의 패리티 검사기에 5비트(데이터 + 패리티)가 입력되면 짝수 패리티 여부를 검사하여 에러 출력 E를 출력한다. 출력 E가 '0'이면 1의 개수가 짝수이므로 에러가 발생하지 않았고, 출력 E가 '1'이면 1의 개수가 홀수이므로 에러가 발생하였음을 알 수 있다. 패리티 발생기와 검사기의 구성에는 짝수 패리티와 홀수 패리티 중 어느 패리티를 사용하여도 무방하나, 짝수 패리티가 좀 더 많이 사용되고 있다.

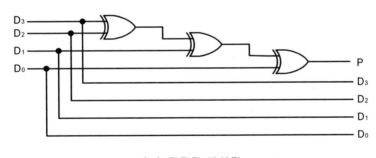

(a) 패리티 발생기

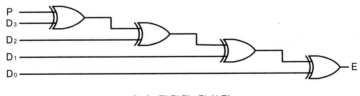

(b) 패리티 검사기
그림 5-2 패리티 발생기와 검사기

3. AND-OR-INVERT 게이트

특정한 논리함수를 수행함에 있어서 종종 둘 또는 그 이상의 입력을 AND 연산한 후 출력을 NOR 연산시키는 회로가 필요하다. 이런 경우에 사용하는 AND-OR-INVERT 게이트(IC 7451)를 그림 5-3에 나타냈다.

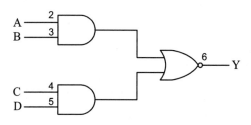

그림 5-3 AND-OR-INVERT 게이트

이 게이트는 그림 5-4와 같이 여러 입력 중에서 하나를 선택하는데 자주 사용되고 있다. 특별한 입력을 선택하는데 있어서 그 입력에 관련된 제어선(Enable input)이 "1"로 되어야만 선택됨을 알 수 있다.

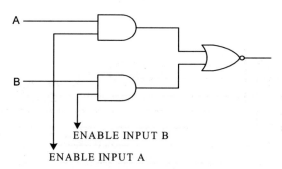

그림 5-4 AND-OR-INVERT 게이트 응용회로

🔲 사용기기 및 부품

· 논리실험장치(Digital Logic Lab. Unit)
· DC Power Supply
· Oscilloscope
· 74LS00(2-입력 NAND 게이트)

· 74LS04(NOT 게이트)

· 74LS08(2-입력 AND 게이트)

· 74LS32(2-입력 OR 게이트)

· 74LS51(2조 A.O.I 게이트)

· 74LS86(Exclusive-OR 게이트)

· LED

실험과정

1. ① 그림 5-5와 같은 회로를 구성하고, 출력 전압을 측정하여 표 5-2에 기록하시오.

표 5-2 XOR 회로

입 력		출 력
A	B	Y
0	0	
0	1	
1	0	
1	1	

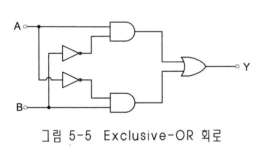

그림 5-5 Exclusive-OR 회로

② 그림 5-6과 같은 회로를 구성하고, 출력 전압을 측정하여 표 5-3에 기록하시오.

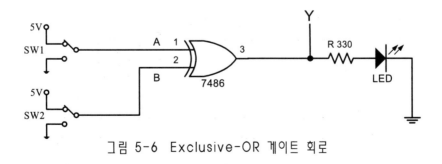

그림 5-6 Exclusive-OR 게이트 회로

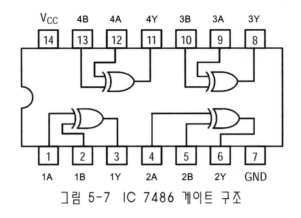

그림 5-7 IC 7486 게이트 구조

표 5-3 XOR 게이트

입 력		출력
A	B	Y
0	0	
0	1	
1	0	
1	1	

2. 그림 5-8과 같은 패리티 발생기 회로를 구성하고, 4비트 데이터에 대해 발생된 패리티 비트를 표 5-4에 기록하시오.

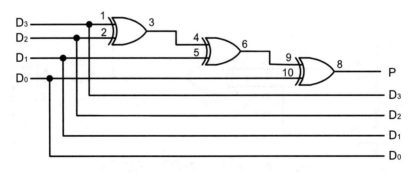

그림 5-8 패리티 발생기 회로

표 5-4 패리티 발생기 실험 결과

입	력			출 력
D_3	D_2	D_1	D_0	P(패리티)
0	0	0	0	
0	1	1	0	
1	0	0	1	
0	1	1	1	
1	1	0	0	
0	0	1	0	
0	1	1	1	
1	1	1	1	

3. 그림 5-9의 패리티 검사기 회로를 구성하고, 데이터의 패리티를 검사하여 표 5-5에 기록하시오.

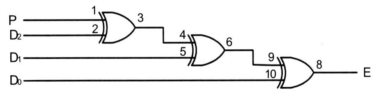

그림 5-9 패리티 검사기 회로

표 5-5 패리티 검사기 실험 결과

입 력				출 력
P	D_2	D_1	D_0	E
0	0	0	0	
0	0	0	1	
0	0	1	0	
0	0	1	1	
0	1	0	0	
0	1	0	1	
0	1	1	0	
0	1	1	1	
1	0	0	0	
1	0	0	1	
1	0	1	0	
1	0	1	1	
1	1	0	0	
1	1	0	1	
1	1	1	0	
1	1	1	1	

4. IC 7451칩을 사용하여 그림 5-10과 같이 회로를 구성하고, 각각의 입력에 따른 출력 Y의 상태를 표 5-6에 기록하라.

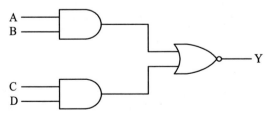

그림 5-10 AND-OR-INVERT 회로

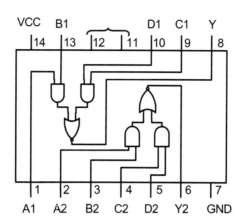

그림 5-11 IC 7451 게이트 구조

표 5-6 그림 5-10의 실험 결과

입 력				출 력
A	B	C	D	Y
0	0	0	0	
0	0	0	1	
0	0	1	0	
0	0	1	1	
0	1	0	0	
0	1	0	1	
0	1	1	0	
0	1	1	1	
1	0	0	0	

♥ NOTE ♥

⌘ 실험 5. 실험 결과 보고서 ⌘

실험제목 :	일 자 :	실험조 :
학 번 :	성 명 :	

1. 실험 결과

1)

표 5-2 XOR 회로

입 력		출 력
A	B	Y
0	0	
0	1	
1	0	
1	1	

2)

표 5-3 XOR 게이트

입 력		출 력
A	B	Y
0	0	
0	1	
1	0	
1	1	

3)

표 5-4 패리티 발생기 실험 결과

입		력		출 력
D_3	D_2	D_1	D_0	P(패리티)
0	0	0	0	
0	1	1	0	
1	0	0	1	
0	1	1	1	
1	1	0	0	
0	0	1	0	
0	1	1	1	
1	1	1	1	

4)

표 5-5 패리티 검사기 실험 결과

입		력		출 력
P	D_2	D_1	D_0	E
0	0	0	0	
0	0	0	1	
0	0	1	0	
0	0	1	1	
0	1	0	0	
0	1	0	1	
0	1	1	0	
0	1	1	1	
1	0	0	0	
1	0	0	1	
1	0	1	0	
1	0	1	1	
1	1	0	0	
1	1	0	1	
1	1	1	0	
1	1	1	1	

5)

표 5-6 AND-OR-INVERT 회로 실험 결과

입		력		출 력
A	B	C	D	Y
0	0	0	0	
0	0	0	1	
0	0	1	0	
0	0	1	1	
0	1	0	0	
0	1	0	1	
0	1	1	0	
0	1	1	1	
1	0	0	0	

2. 실험 결과 고찰

(1) Exclusive-OR(XOR) 게이트의 논리식을 쓰시오.

(2) Exclusive-OR 회로에 그림과 같이 입력을 가하는 경우 출력 파형을 그리시오.

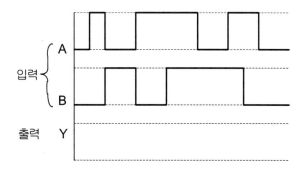

(3) 패리티 발생기 및 검사기에 대하여 설명하시오.

(4) Exclusive-OR 게이트를 이용하여 8비트의 패리티를 검사하기 위해서는 몇 개의 Exclusive-OR 게이트가 필요한가?

♥ NOTE ♥

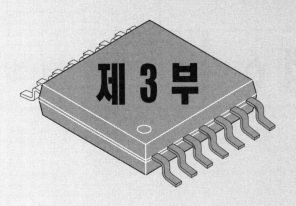

디지털 조합논리 회로 실험

실험 6 | 반가산기와 전가산기

실험 목적

반가산기와 전가산기의 구성과 동작 논리를 이해하고, 가산기를 이용한 논리회로의 구성능력을 키운다.

이 론

디지털 컴퓨터 시스템이 다양한 정보처리를 함에 있어 산술연산 과정은 필수적이다. 컴퓨터나 디지털 시스템에서는 가산을 이용하여 감산, 승산, 제산의 연산이 수행되기 때문에 가산은 가장 중요한 산술 연산이다. 이 장에서는 컴퓨터 산술연산의 가장 기본이 되는 가산기에 대해 알아본다. 가산기에는 반가산기(Half Adder : HA)와 전가산기(Full Adder : FA)의 두 종류가 있다. 그리고 두 개의 반가산기를 이용하여 전가산기를 구성할 수 있다.

1. 반가산기(Half Adder)

반가산기는 2진 가산의 기본 연산을 수행하는 논리회로로서 2개의 입력 A, B를 가산하여 캐리(C)와 합(S)을 출력한다.

2개의 2진수 A와 B를 가산하여 그 합의 출력 S(Sum)와 자리 올림수 C(Carry) 출력을 얻는 논리회로를 반가산기(Half Adder : HA)라 한다. 반가산기는 두 개의 입력을 가지며, 합(Sum)과 자리올림수(Carry)의 두 출력을 갖는다. 반가산기의 진리표를 작성하고 논리식을 세운 후, 그것을 회로로 표현하면 반가산기를 얻을 수 있다. 반가산기의 진리표를 구해보면 표 6-1과 같으며, 논리식은 (6-1)식과 같이 된다.

표 6-1 반가산기 진리표

입력		출력	
A	B	S	C
0	0	0	0
0	1	1	0
1	0	1	0
1	1	0	1

표 6-1을 가지고 반가산기의 논리식을 세우면 다음과 같다.

$$\text{Sum} = \overline{A}B + A\overline{B} = A \oplus B \tag{6-1}$$
$$\text{Carry} = A \cdot B$$

식 (6-1)을 이용하여 반가산기를 그림 6-1과 같은 논리회로로 구성할 수 있다.

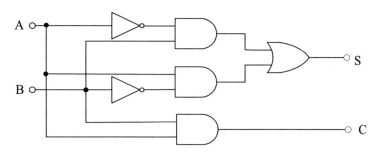

그림 6-1 반가산기의 논리회로

또한 반가산기를 Exclusive-OR 회로를 이용하여 구성하면 다음의 그림 6-2와 같다.

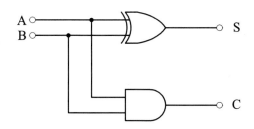

그림 6-2 Exclusive-OR에 의한 반가산기

2. 전가산기(Full Adder)

컴퓨터 연산에서 반가산기로는 두 비트 이상의 2진수를 가산하는데 불충분하다. 두 비트 이상의 2진수를 가산하기 위해서는 전가산기(Full Adder)를 이용하는데, 전가산기는 두 비트 이상의 가산 능력과 더불어 전단의 자리올림수를 가산하는 능력을 가지고 있다.

1bit의 2개 2진수를 A_n, B_n이라 하고, 자리 올림수로 올라온 수를 C_{n-1}라고 하면, 전가산기(Full Adder : FA)의 진리표는 표 6 −2와 같다.

표 6-2 전가산기의 진리표

입력			출력	
A_n	B_n	C_{n-1}	S_n	C_n
0	0	0	0	0
0	0	1	1	0
0	1	0	1	0
0	1	1	0	1
1	0	0	1	0
1	0	1	0	1
1	1	0	0	1
1	1	1	1	1

진리표상에서 출력 S_n이 '1'이 되는 논리회로식은

$$S_n = \overline{A_n} \cdot \overline{B_n} \cdot C_{n-1} + \overline{A_n} \cdot B_n \cdot \overline{C_{n-1}}$$

$$+ A_n \cdot \overline{B_n} \cdot \overline{C_{n-1}} + A_n B_n C_{n-1}$$

$$= A_n \oplus B_n \oplus C_{n-1}$$

또한 출력 C_n이 '1'이 되는 논리회로식은

$$C_n = \overline{A_n} \cdot B_n \cdot C_{n-1} + A_n \cdot \overline{B_n} \cdot C_{n-1}$$

$$+ A_n \cdot B_n \cdot \overline{C_{n-1}} + A_n \cdot B_n \cdot C_{n-1}$$

$$= C_{n-1}(A_n \oplus B_n) + A_n \cdot B_n$$

따라서 전가산기의 논리회로는 그림 6-3과 같이 된다.

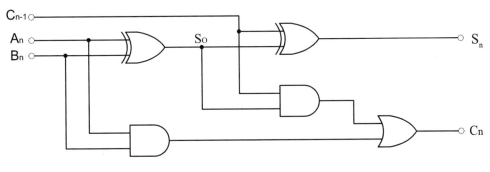

그림 6-3 전가산기의 논리회로

그리고 반가산기 두개를 이용하여 전가산기를 구성하면 그림 6-4와 같다.

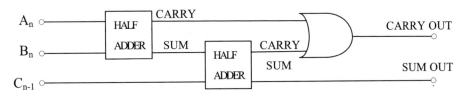

그림 6-4 반가산기를 사용한 전가산기의 논리회로

🪲 사용기기 및 부품

· 논리회로 실험장치(Digital Logic Lab. Unit)
· DC Power Supply
· Oscilloscope
· 74LS00(2-입력 NAND 게이트)

· 74LS04(NOT 게이트)
· 74LS08(2 - 입력 AND 게이트)
· 74LS32(2 - 입력 OR 게이트)
· 74LS83(4비트 2진 전가산기)
· 74LS86(Exclusive-OR 게이트)
· LED

실험과정

1. 그림 6-5의 반가산기 논리회로를 구성하고, 입력 상태에 따른 출력 전압을 측정하여 표 6-3에 기록하시오.

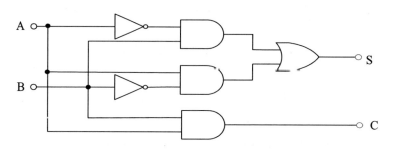

그림 6-5 반가산기 논리회로

표 6-3 그림 6-5의 측정 결과

입 력		출 력	
A	B	S	C
0	0		
0	1		
1	0		
1	1		

2. 그림 6-6의 반가산기 회로를 구성하고, 입력 상태에 따른 출력 전압을 측정하여 표 6-4에 기록하여 그림 6-5와 등가임을 보여라.

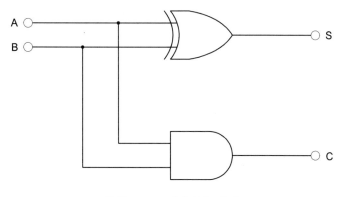

그림 6-6 반가산기 회로

표 6-4 그림 6-6의 측정 결과

입 력		출 력	
A	B	S	C
0	0		
0	1		
1	0		
1	1		

3. 그림 6-7의 전가산기 회로를 구성하고, 입력 상태에 따른 출력 전압을 측정하여 표 6-5에 기록하시오.

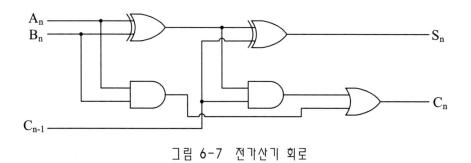

그림 6-7 전가산기 회로

표 6-5 그림 6-7의 측정 결과

입 력			출 력	
A_n	B_n	C_{n-1}	S_n	C_n
0	0	0		
0	0	1		
0	1	0		
0	1	1		
1	0	0		
1	0	1		
1	1	0		
1	1	1		

4. 그림 6-8은 4비트 2진 전가산기인 74LS83의 핀 기능도를 나타낸다. 이 TTL을 이용하면 게이트의 수를 현격히 줄일 수 있으므로 디지털 회로 설계 시 적극 활용할 수 있는 좋은 예이다. 그리고 이것을 2개 이용하면 8비트 가산기, 4개를 이용하면 16비트 가산기를 쉽게 구성할 수 있다.

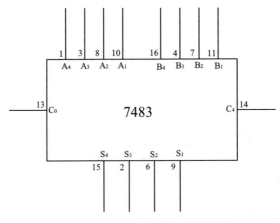

그림 6-8 4비트 2진 전가산기

$A_1 \sim A_4$: 입력단자(핀 1, 3, 8, 10) C_0 : 입력 캐리(핀 13)

$B_1 \sim B_4$: 입력단자(핀 4, 7, 11, 16) C_4 : 출력 캐리(핀 14)

$S_1 \sim S_4$: 출력단자(핀 2, 6, 9, 15)

5. 그림 6-9의 4비트 병렬 가/감산기를 구성하시오. 스위치 SW를 LOW로 하여 가산기로 동작하도록 한 후 입력에 대한 출력을 측정하여 표 6-6에 기록하시오.

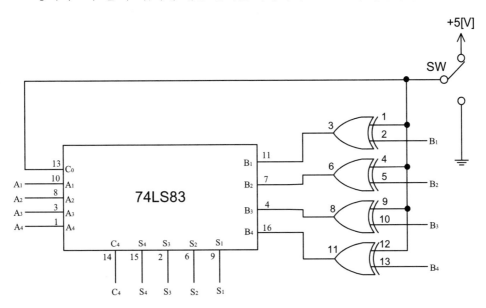

그림 6-9 IC로 구현된 4비트 2진 병렬 가/감산기 회로

표 6-6 4비트 2진 병렬 가산기 실험 결과

입 력		입력(캐리)	출력(합)	출력(캐리)
$A_4 A_3 A_2 A_1$	$B_4 B_3 B_2 B_1$	C_0	$S_4 S_3 S_2 S_1$	C_4
0 0 0 1	0 0 1 1	0		
0 1 1 0	1 1 1 0	0		
0 1 1 1	1 1 0 0	0		
0 1 0 1	1 0 1 0	0		
0 1 1 1	0 1 1 0	0		
1 0 1 0	1 0 0 1	0		
1 1 1 0	1 1 0 1	0		
1 1 1 1	1 0 1 1	0		

♥ NOTE ♥

✥ 실험 6. 실험 결과 보고서 ✥

실험제목 :	일 자 :	실험조 :
학 번 :	성 명 :	

1. 실험 결과

1)

표 6-3 그림 6-5의 측정 결과

입 력		출 력	
A	B	S	C
0	0		
0	1		
1	0		
1	1		

2)

표 6-4 그림 6-6의 측정 결과

입 력		출 력	
A	B	S	C
0	0		
0	1		
1	0		
1	1		

3)

표 6-5 그림 6-7의 측정 결과

입 력			출 력	
A_n	B_n	C_{n-1}	S_n	C_n
0	0	0		
0	0	1		
0	1	0		
0	1	1		
1	0	0		
1	0	1		
1	1	0		
1	1	1		

4)

표 6 6 4비트 2진 병렬 가산기 실험 결과

입 력		입력(캐리)	출력(합)	출력(캐리)
$A_4\,A_3\,A_2\,A_1$	$B_4\,B_3\,B_2\,B_1$	C_0	$S_4\,S_3\,S_2\,S_1$	C_4
0 0 0 1	0 0 1 1	0		
0 1 1 0	1 1 1 0	0		
0 1 1 1	1 1 0 0	0		
0 1 0 1	1 0 1 0	0		
0 1 1 1	0 1 1 0	0		
1 0 1 0	1 0 0 1	0		
1 1 1 0	1 1 0 1	0		
1 1 1 1	1 0 1 1	0		

2. 실험 결과 고찰

(1) 반가산기와 전가산기의 차이점을 설명하시오.

(2) 반가산기의 논리회로를 그리고, 진리표를 작성하시오.

(3) 전가산기의 논리회로를 그리고, 진리표를 작성하시오.

(4) 그림 6-9의 4비트 2진 병렬 가/감산기에서 Exclusive-OR 게이트의 기능에 대하여 입력과 출력의 관계를 논리식을 작성하여 설명하시오.

♥ NOTE ♥

실험 7 | 반감산기와 전감산기

실험 목적

반감산기와 전감산기의 구성과 동작 논리를 이해하고, 감산기를 이용한 논리회로의 구성능력을 키운다.

이 론

1. 반감산기(Half-Subtractor)

뺄셈은 보수를 사용하는 방법 외에 감산기(subtractor)를 사용하여 직접 2진수로 감산할 수 있다. 감산기는 피감수의 비트에서 이에 대응하는 각 감수의 비트를 빼서 차이 비트를 형성한다. 만일 피감수 비트가 감수 비트보다 작으면, 바로 상위비트로부터 "1"을 빌려온다. 이 자리내림(borrow)이 생겼다는 사실은 계산단에서 출력되며, 바로 다음의 상위비트에 전달되어야 한다.

감산의 법칙은

$$0 - 0 = 0 \ (\text{borrow}=0)$$
$$0 - 1 = 1 \ (\text{borrow}=1)$$
$$1 - 0 = 1 \ (\text{borrow}=0)$$
$$1 - 1 = 0 \ (\text{borrow}=0)$$

이다. 여기서 감산 $(A - B)$에서 차(difference)를 d, 빌림수(borrow)를 b라 하면 반감산기의 진리표는 표 7-1과 같다. 반감산기는 1 자릿수의 2진수 2개를 감산하는 회로로서, 2개의 입력 A, B와 2개의 출력 b, d를 필요로 한다.

표 7-1 반감산기 진리표

입 력		출 력	
A	B	b	d
0	0	0	0
0	1	1	1
1	0	0	1
1	1	0	0

표 7-1에서 d가 "1"이 될 때는 입력 A, B가 서로 다를 때 즉,

$$d = A \cdot \overline{B} + \overline{A} \cdot B = A \oplus B$$ 가 되고,

b가 "1"이 될 때는 입력 A=0, B=1일 때 즉,

$$b = \overline{A} \cdot B$$

가 되므로 반감산기의 논리회로는 그림 7-1과 같이 구성할 수 있다.

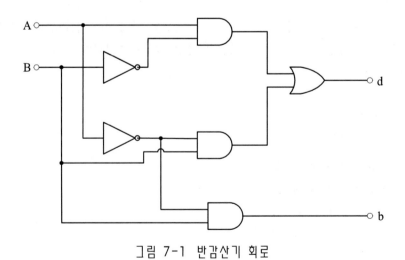

그림 7-1 반감산기 회로

이것을 Exclusive-OR 회로를 이용하여 구성하면 그림 7-2와 같다.

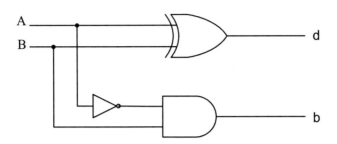

그림 7-2 Exclusivr-OR에 의한 반감산기 회로

2. 전감산기(Full Subtractor)

전감산기(Full Subtractor)는 현재 비트 감산시, 하위 비트 감산에서 발생한 자리내림을 고려하여 연산한 후 차와 자리내림을 출력한다. 그러므로 전감산기와 반감산기의 차이는 현재 비트 감산시, 하위 비트 감산 때의 자리내림을 "고려하느냐" 또는 "고려하지 않느냐"이다.

피감수를 A_n, 감수를 B_n, 아래 자리에서 요구한 자리 내림 수를 b_{n-1}이라 하고, 이들을 입력으로 하여 감산 결과인 차 d와 자리에서 자리 내림 b_n이 필요한가의 여부를 출력으로 나타내어 진리표를 작성하면 표 7-2와 같다. 표 7-2에 의하여 다음과 같은 논리식이 얻어진다.

$$d = \overline{A_n} \cdot \overline{B_n} \cdot b_{n-1} + \overline{A_n} \cdot B_n \cdot \overline{b_{n-1}} + A_n \cdot \overline{B_n} \cdot \overline{b_{n-1}} + A_n B_n b_{n-1}$$

$$= \overline{A_n}(\overline{B_n} \cdot b_{n-1} + B_n \cdot \overline{b_{n-1}}) + A_n(\overline{B_n} \cdot \overline{b_{n-1}} + B_n \cdot b_{n-1})$$

$$= A_n \oplus B_n \oplus b_{n-1}$$

$$b_n = \overline{A_n}\,\overline{B_n}\,b_{n-1} + \overline{A_n}\,B_n\,\overline{b_{n-1}} + \overline{A_n}\,B_n\,b_{n-1} + A_n\,B_n\,b_{n-1}$$

$$= (\overline{A_n}B_n + A_nB_n)\overline{b_{n-1}} + \overline{A_n}B_n$$

$$= b_{n-1}(\overline{A_n \oplus B_n}) + \overline{A_n}B_n$$

표 7-2 전감산기 진리표

입 력			출 력	
A_n	B_n	b_{n-1}	b_n	d
0	0	0	0	0
0	0	1	1	1
0	1	0	1	1
0	1	1	1	0
1	0	0	0	1
1	0	1	0	0
1	1	0	0	0
1	1	1	1	1

따라서 전감산기는 그림 7-3과 같은 회로가 된다.

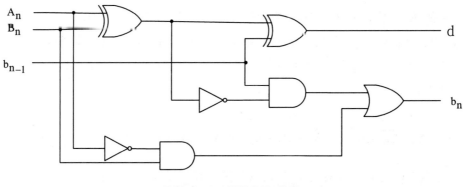

그림 7-3 전감산기 회로

또한 두 개의 반감산기를 이용하여 전감산기를 구성하면 그림 7-4와 같이 된다.

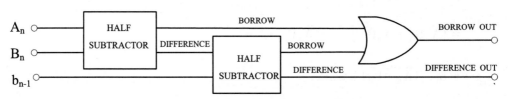

그림 7-4 2개의 반감산기를 이용한 전감산기

사용기기 및 부품

· 논리회로 실험장치(Digital Logic Lab. Unit)
· DC Power Supply
· Oscilloscope
· 74LS00(2–입력 NAND 게이트)
· 74LS04(NOT 게이트)
· 74LS08(2–입력 AND 게이트)
· 74LS32(2–입력 OR 게이트)
· 74LS86(Exclusive–OR 게이트)
· LED

 ## 실험과정

1. 그림 7-5의 반감산기 회로를 구성하고, 입력 상태에 따른 출력 전압을 측정하여 표
   7-3에 기록하시오.

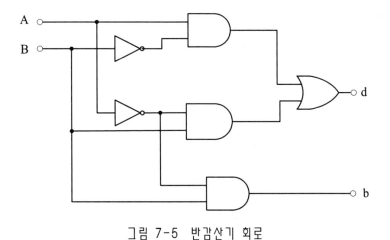

그림 7-5 반감산기 회로

표 7-3 그림 7-5의 측정 결과

입 력		출 력	
A	B	b	d
0	0		
0	1		
1	0		
1	1		

2. 그림 7-6의 반감산기 회로를 구성하고, 표 7-4의 진리표를 완성하여 그림 7-5와 등가임을 보여라.

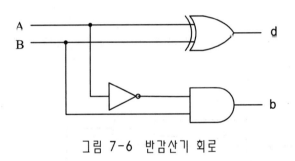

그림 7-6 반감산기 회로

표 7-4 그림 7-6의 진리표

입 력		출 력	
A	B	b	d
0	0		
0	1		
1	0		
1	1		

3. 그림 7-7의 전감산기 회로를 구성하고, 입력 상태에 따른 출력 전압을 측정하여 표 7-5에 기록하시오

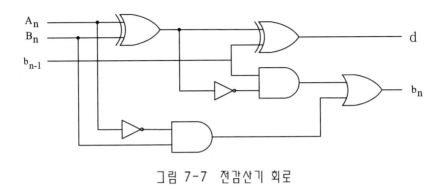

그림 7-7 전감산기 회로

표 7-5 그림 7-7의 진리표

입 력			출 력	
A_n	B_n	b_{n-1}	b_n	d
0	0	0		
0	0	1		
0	1	0		
0	1	1		
1	0	0		
1	0	1		
1	1	0		
1	1	1		

4. 그림 7-8의 회로에서 스위치 SW를 HIGH로 하여 감산기로 동작하도록 한 후 입력에 대한 출력을 측정하여 표 7-6에 기록하시오.

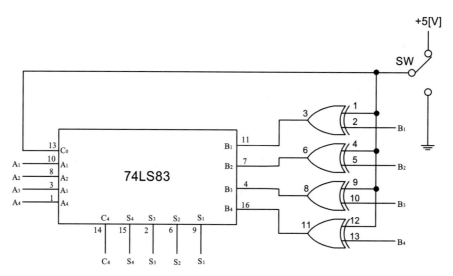

그림 7-8 IC로 구현된 4비트 2진 병렬 가/감산기 회로

표 7-6 4비트 2진 병렬 감산기 실험 결과

입 력		출력(차)	출력(빌림)
$A_4 A_3 A_2 A_1$	$B_4 B_3 B_2 B_1$	$S_4 \ S_3 \ S_2 \ S_1$	C_4
0 1 1 1	0 0 1 0		
0 1 1 0	0 0 1 1		
0 1 0 1	1 1 1 0		
0 0 0 1	1 1 0 0		
1 0 0 1	1 1 0 1		
1 1 1 1	1 1 1 1		
1 0 1 0	0 0 0 1		
1 1 0 0	0 0 1 0		

⌘ 실험 7. 실험 결과 보고서 ⌘

실험제목 :	일 자 :	실험조 :
학 번 :	성 명 :	

1. 실험 결과

1)

표 7-3 그림 7-5의 측정 결과

입 력		출 력	
A	B	b	d
0	0		
0	1		
1	0		
1	1		

2)

표 7-4 그림 7-6의 진리표

입 력		출 력	
A	B	b	d
0	0		
0	1		
1	0		
1	1		

3)

표 7-5 그림 7-7의 진리표

입 력			출 력	
A_n	B_n	b_{n-1}	b_n	d
0	0	0		
0	0	1		
0	1	0		
0	1	1		
1	0	0		
1	0	1		
1	1	0		
1	1	1		

4)

표 7-6 4비트 2진 병렬 감산기 실험 결과

입 력		출력(차)	출력(빌림)
$A_4 A_3 A_2 A_1$	$B_4 B_3 B_2 B_1$	S_4 S_3 S_2 S_1	C_4
0 1 1 1	0 0 1 0		
0 1 1 0	0 0 1 1		
0 1 0 1	1 1 1 0		
0 0 0 1	1 1 0 0		
1 0 0 1	1 1 0 1		
1 1 1 1	1 1 1 1		
1 0 1 0	0 0 0 1		
1 1 0 0	0 0 1 0		

2. 실험 결과 고찰

(1) 반감산기와 전감산기의 차이점을 설명하시오.

(2) 반감산기의 논리회로를 그리고, 진리표를 작성하시오.

(3) 전감산기의 논리회로를 그리고, 진리표를 작성하시오.

(4) 그림 7-8의 4비트 2진 병렬 가/감산기에서 스위치 SW를 HIGH로 하면 회로는 어떠한 동작을 하게 되는 가를 논리식을 작성하여 설명하시오.

♥ NOTE ♥

실험 8	디코더와 인코터

 실험 목적

> 디코더(Decoder)와 인코더(Encoder)의 동작 원리 및 특성을 확인하고, 부호 변
> 환기의 동작을 이해하는데 목적을 둔다.

 이 론

디지털 회로에서는 2진수를 이용한 0과 1만을 표시하지만, 인간이 일상생활에서 사용하고 있는 수는 0 ~ 9까지의 숫자를 이용한 10진수이다. 따라서 인간이 갖고 있는 정보를 디지털 회로에서 처리하는 경우, 10진수의 데이터를 2진수의 데이터로 변한 할 필요가 있다. 이 같은 목적에서 사용되고 있는 조합회로를 인코더(Encoder)라 한다. 역으로 디지털 회로에서 처리된 2진수의 데이터를 인간이 이해할 수 있는 10진수의 데이터로 변환한 조합회로를 디코더(Decoder)라 한다.

1. 디코더(Decoder)

디코더는 2진 부호(binary code), BCD 부호(binary coded decimal code)등의 부호들을 부호가 없는 형태로 바꾸는 것을 의미하지만, 일반적으로 2진수를 10진수로 바꾸는 것을 복호화(decoding)라고 한다. 많이 사용하는 예로는 컴퓨터의 연산 회로에서 출력되는 BCD 부호를 발광 다이오드를 이용해서 10개의 수치로 나타내는 수치 표시(numeric display)장치를 들 수 있다. 일반적으로 입력 측에 어떤 신호가 있는가를 검색하여 지시하여 주는 집적회로나 논리소자로 구성된 회로들을 모두 디코더라고 한다.

디코더는 n개의 입력선으로부터 2진식 정보를 최대 2^n개의 독자적인 출력선으로 변환

하는 조합회로이다. 그림 8-1은 가장 간단한 디코더인 2-to-4 라인(2-to-4 line) 디코더 회로이다. 입력 A와 B가 조합하여 나타낼 수 있는 4가지 출력의 상태는 표 8-1에 표시되어 있다.

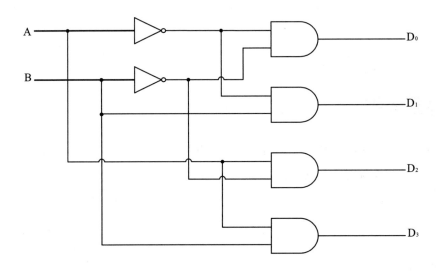

그림 8-1 2-to-4 라인 디코더

표 8-1 2×4 디코더의 진리표

입 력		출 력			
A	B	D_0	D_1	D_2	D_3
0	0	1	0	0	0
0	1	0	1	0	0
1	0	0	0	1	0
1	1	0	0	0	1

만약 3 입력인 경우에는 출력이 8가지가 되고, 4 입력인 경우에는 16가지가 출력된다. 2진 to 10진 디코더는 4개의 입력을 사용하지만 16가지의 출력 중에서 0 ~ 9까지의 10가지만 사용하여 BCD 부호로 표시된 수치를 10진수로 변환시킨다. 이러한 BCD to 10진 디코더의 회로와 진리표는 그림 8-2와 표 8-2와 같다.

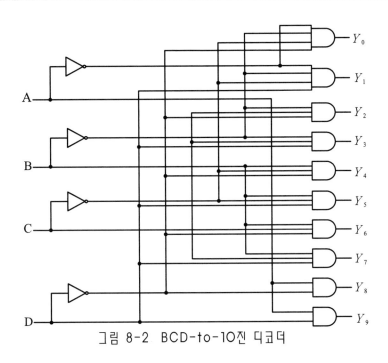

그림 8-2 BCD-to-10진 디코더

표 8-2 BCD-to-10진 디코더 진리표

입 력				출 력
A	B	C	D	
0	0	0	0	Y_0
0	0	0	1	Y_1
0	0	1	0	Y_2
0	0	1	1	Y_3
0	1	0	0	Y_4
0	1	0	1	Y_5
0	1	1	0	Y_6
0	1	1	1	Y_7
1	0	0	0	Y_8
1	0	0	1	Y_9

2. 인코더(Encoder)

인코더는 우리가 일상적으로 사용하는 10진수 등을 입력으로 받아들여 2진 코드의 형태로 변환하여 출력해주는 장치를 말하며 "부호기"라고도 한다. 이와 같이 인코더는 디코더와 상반된 역할을 하는 변환 회로로서 부호화 되지 않은 입력을 받아서 부호화시켜 출력시킨다. 일반적으로 대부분의 논리회로는 처음부터 2진법 등으로 부호화된 신호를 발생시키기 때문에 인코더는 디코더만큼 많이 IC화되어 있지는 않다.

일반 산업 현장에서는 센서로부터 받은 신호를 그대로 먼 거리에 보낼 경우 케이블(전선)이 굵게 되어 비경제적이나, 부호화 한 후 보내면 전선 수가 크게 줄여져 경제적으로 된다. 일예로 $256(=2^8)$선을 부호화하면 8번으로 된다. 인코더는 2^n개의 입력선과 n개의 출력선으로 구성되며, OR Gate로 구성할 수 있다. 그림 8-3은 가장 간단한 4-to-2 라인 인코더이고, 표 8-3은 이것의 진리표이다. 이것은 4가지 입력이 2가지로 출력되는 회로이다.

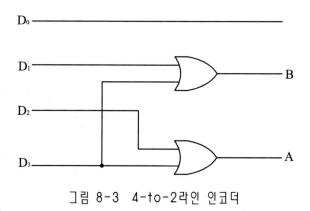

그림 8-3 4-to-2라인 인코더

표 8-3 4×2 인코더 진리표

입 력				출 력	
D_0	D_1	D_2	D_3	A	B
0	0	0	0	0	0
0	1	0	0	0	1
0	0	1	0	1	0
0	0	0	1	1	1

또한, 10진수를 BCD 코드로 변환해주는 10진-to-BCD 인코더의 논리회로는 그림 8-4와 같고, 진리표는 표 8-4와 같다.

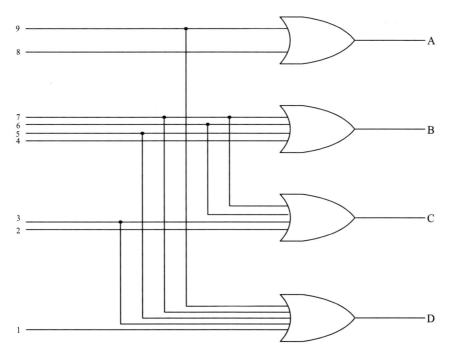

그림 8-4 10진-to-BCD 인코더 논리회로

표 8-4 10진-to-BCD 인코더 진리표

입 력	출 력			
	BCD 코드			
10진수	A	B	C	D
0	0	0	0	0
1	0	0	0	1
2	0	0	1	0
3	0	0	1	1
4	0	1	0	0
5	0	1	0	1
6	0	1	1	0
7	0	1	1	1
8	1	0	0	0
9	1	0	0	1

사용기기 및 부품

- 논리회로 실험장치(Digital Logic Lab. Unit)
- DC Power Supply
- Oscilloscope
- 74LS00(2-입력 NAND 게이트)
- 74LS04(NOT 게이트)
- 74LS08(2-입력 AND 게이트)
- 74LS20(dual 4-입력 NAND 게이트)
- 74LS32(2-입력 OR 게이트)
- 74LS42(BCD-to-Decimal 디코더)
- 74LS138(3-to-8 line 디코더)
- 74LS139(Dual 2-to-4 line 디코더)
- LED

실험과정

1. 그림 8-5의 2×4 디코더의 회로를 결선하고, 입력 A, B에 따른 출력을 측정하여 표 8-5를 완성하시오.

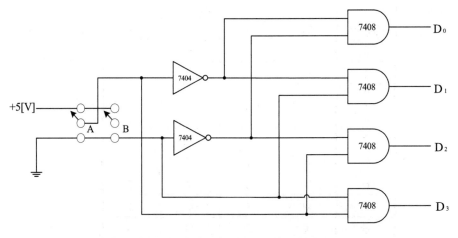

그림 8-5 2×4 디코더 회로

표 8-5 2×4 디코더 회로 진리표

입 력		출 력			
A	B	D_0	D_1	D_2	D_3
0	0				
0	1				
1	0				
1	1				

2. 그림 8-6은 2×4 디코더 IC 74139의 핀 접속도이다. 내부의 두 회로 가운데 한 회로를 선택하여 나타낸 것이 그림 8-7이다. A, B로 조합되는 4 가지 입력 상태에서 출력단에 연결된 LED 가운데 켜지는 상태를 측정하여 표 8-6을 완성하여라.

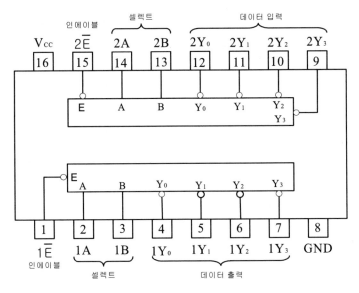

그림 8-6 IC 74139 핀 접속도

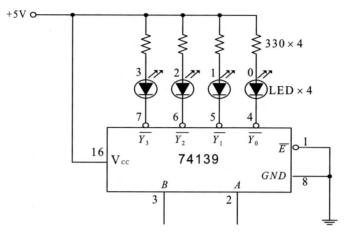

그림 8-7 2×4 디코더 회로

표 8-6 2×4 디코더 회로

입 력		출 력			
A	B	Y_0	Y_1	Y_2	Y_3
0	0				
0	1				
1	0				
1	1				

3. 그림 8-8의 3×8 디코더 회로를 결선하고, 입력 A, B, C에 따른 출력을 측정하여
   표 8-7을 완성하시오

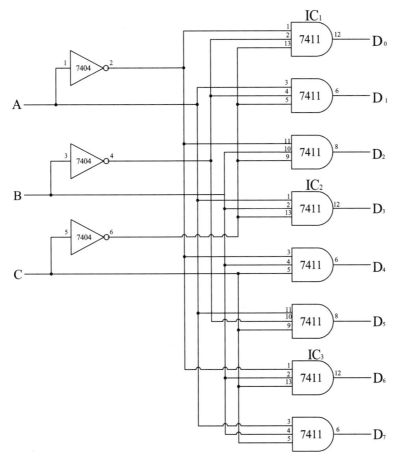

그림 8-8 3×8 디코더 회로

표 8-7 그림 8-8의 측정 결과

입 력			출 력							
A	B	C	D_0	D_1	D_2	D_3	D_4	D_5	D_6	D_7
0	0	0								
0	0	1								
0	1	0								
0	1	1								
1	0	0								
1	0	1								
1	1	0								
1	1	1								

4. 그림 8-9는 3×8 디코더 IC 74138의 핀 접속도이다. 그림 8-10의 회로에서 입력
   상태 A, B, C에 따른 출력단에 연결된 LED 가운데 켜지는 상태를 측정하여 표
   8-8을 완성하시오.

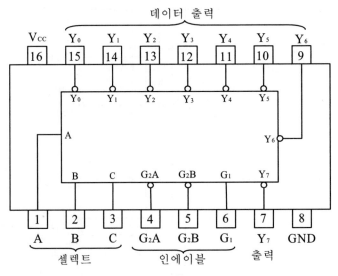

그림 8-9 IC 74138의 핀 접속도

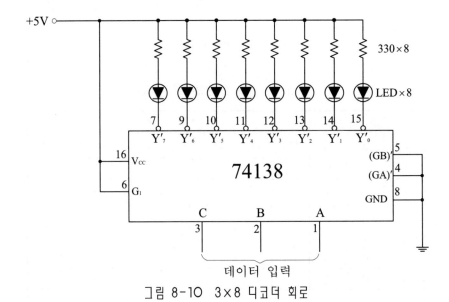

그림 8-10 3×8 디코더 회로

표 8-8 그림 8-1O의 측정 결과

입 력			출 력							
C	B	A	Y_0	Y_1	Y_2	Y_3	Y_4	Y_5	Y_6	Y_7
0	0	0								
0	0	1								
0	1	0								
0	1	1								
1	0	0								
1	0	1								
1	1	0								
1	1	1								

5. 74LS20 4-입력 NAND게이트를 이용해서 그림 8-11과 같은 회로를 구성한 후, 표 8-9의 진리표에 기록하시오.

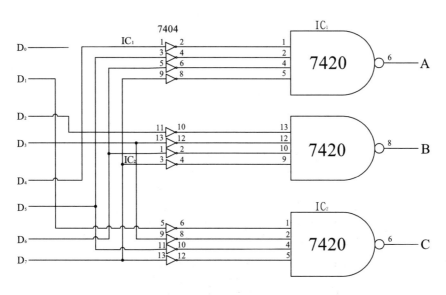

그림 8-11 8-to-3 라인 인코더

표 8-9 그림 8-11의 측정 결과

입 력								출 력		
D_0	D_1	D_2	D_3	D_4	D_5	D_6	D_7	C	B	A
1	0	0	0	0	0	0	0			
0	1	0	0	0	0	0	0			
0	0	1	0	0	0	0	0			
0	0	0	1	0	0	0	0			
0	0	0	0	1	0	0	0			
0	0	0	0	0	1	0	0			
0	0	0	0	0	0	1	0			
0	0	0	0	0	0	0	1			

6. 74LS147은 10 to 4 Line Priority Encoder(우선순위 인코더)로서 10진수를 BCD 코드로 변환할 수 있다. 2개 이상의 입력이 동시에 입력되면, 그 중 높은 쪽이 선택되어 그에 대한 출력이 생성된다.

그림 8-12는 휴대용 계산기의 키패드에 74147을 이용한 회로이다. 예컨대 "3"을 누르면 X_3가 LOW가 되므로 출력은 ABCD=HHLL로 0011(=3)의 보수가 된다. 인코더의 입력에 대한 출력의 상태를 측정하여 표 8-10에 기록하시오.(74LS147의 입·출력에 버블이 붙은 것은 그것이 Low일 때에만 어떤 동작을 일으키는 '액티브 Low'를 의미한다.)

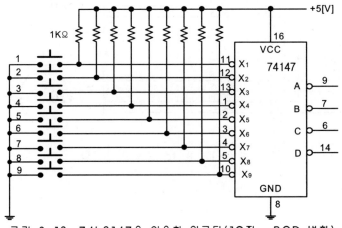

그림 8-12 74LS147을 이용한 인코더(10진 → BCD 변환)

표 8-10 그림 8-12의 측정 결과

입 력									출 력			
1	2	3	4	5	6	7	8	9	D	C	B	A
1	1	1	1	1	1	1	1	1				
×	×	×	×	×	×	×	×	0				
×	×	×	×	×	×	×	0	1				
×	×	×	×	×	×	0	1	1				
×	×	×	×	×	0	1	1	1				
×	×	×	×	0	1	1	1	1				
×	×	×	0	1	1	1	1	1				
×	×	0	1	1	1	1	1	1				
×	0	1	1	1	1	1	1	1				
0	1	1	1	1	1	1	1	1				

♥ NOTE ♥

⌘ 실험 8. 실험 결과 보고서 ⌘

실험제목 :	일 자 :	실험조 :
학 번 :	성 명 :	

1. 실험 결과

1)

표 8-5 2×4 디코더 회로 진리표

입 력		출 력			
A	B	D_0	D_1	D_2	D_3
0	0				
0	1				
1	0				
1	1				

2)

표 8-6 2×4 디코더 회로

입 력		출 력			
A	B	Y_0	Y_1	Y_2	Y_3
0	0				
0	1				
1	0				
1	1				

3)

표 8-7 그림 8-8의 측정 결과

입 력			출 력							
A	B	C	D_0	D_1	D_2	D_3	D_4	D_5	D_6	D_7
0	0	0								
0	0	1								
0	1	0								
0	1	1								
1	0	0								
1	0	1								
1	1	0								
1	1	1								

4)

표 8-8 그림 8-10의 측정 결과

입 력			출 력							
C	B	A	Y_0	Y_1	Y_2	Y_3	Y_4	Y_5	Y_6	Y_7
0	0	0								
0	0	1								
0	1	0								
0	1	1								
1	0	0								
1	0	1								
1	1	0								
1	1	1								

5)

표 8-9 그림 8-11의 측정 결과

입력								출력		
D_0	D_1	D_2	D_3	D_4	D_5	D_6	D_7	C	B	A
1	0	0	0	0	0	0	0			
0	1	0	0	0	0	0	0			
0	0	1	0	0	0	0	0			
0	0	0	1	0	0	0	0			
0	0	0	0	1	0	0	0			
0	0	0	0	0	1	0	0			
0	0	0	0	0	0	1	0			
0	0	0	0	0	0	0	1			

6)

표 8-10 그림 8-12의 측정 결과

입력									출력			
1	2	3	4	5	6	7	8	9	D	C	B	A
1	1	1	1	1	1	1	1	1				
×	×	×	×	×	×	×	×	0				
×	×	×	×	×	×	×	0	1				
×	×	×	×	×	×	0	1	1				
×	×	×	×	×	0	1	1	1				
×	×	×	×	0	1	1	1	1				
×	×	×	0	1	1	1	1	1				
×	×	0	1	1	1	1	1	1				
×	0	1	1	1	1	1	1	1				
0	1	1	1	1	1	1	1	1				

2. 실험 결과 고찰

(1) 디코더와 인코더의 기능 및 차이점에 대하여 설명하시오.

(2) BCD-to-10진 디코더의 진리표를 작성하시오.

(3) 8-to-3 라인 인코더의 진리표를 작성하시오.

(4) Priority Encoder(우선순위 인코더)란 무엇인가?

실험 9 | 대소 비교 회로 및 7-SEGMENT LED 표시법

 실험 목적

2진 대소비교회로의 동작 이해 및 7-Segment LED의 10진 표시 논리회로의 동작 특성에 대해 실험을 통해 습득한다.

 이 론

1. 2진 대소비교회로

(1) 2진 1비트 대소비교회로

Input		Output		
A	B	W	X	Y
0	0	0	1	0
0	1	0	0	1
1	0	1	0	0
1	1	0	1	0

(a) 블록도   (b) 진리표

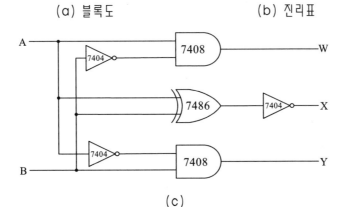

(c)

그림 9-1 1bit 2진수의 대소비교회로

대소비교회로는 그림 9-1(a)와 같이 입력되는 두 개의 수 A, B를 비교하여 A 〉 B이면 W에 출력되고, A = B이면 X에 출력이 되고, A 〈 B이면 Y에 출력이 되는 회로이다. 즉, 이 회로는 입력 A, B를 비교하여 W, X, Y에 두 수의 비교결과를 출력하는 조합논리회로이다.

1 bit의 2진수 A, B 2개를 비교하여 W, X, Y에 두 수의 비교 결과를 출력하는 1 bit 2진 비교기의 진리표 및 논리회로는 그림 9-1의 (b), (c)와 같다.

(2) 74LS85 4비트 비교기

74LS85 비교기는 다양한 응용 분야에서 사용되는 대표적인 비교기로서, 2진 4비트의 크기를 비교할 수 있는 TTL IC이다.

그림 9-2는 74LS85 4비트 비교기이다. 74LS85 IC에서 비교된 결과는 3개의 출력 $O_{A<B}, O_{A>B}, O_{A=B}$에 나타나고, $I_{A<B}, I_{A>B}, I_{A=B}$는 74LS85 여러 개를 직렬로 연결하여 4비트 이상의 수를 비교할 때 사용되는 확장용 입력단자이다. 74LS85를 하나만 사용할 때는 $I_{A<B} = 0, I_{A>B} = 0, I_{A=B} = 1$을 입력한다.

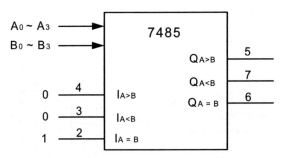

그림 9-2 74LS85 2진 4비트 비교기

그림 9-2에서 각 핀의 내용은 다음과 같다.
- $A_0 \sim A_3$: 기준신호(핀 10, 12, 13, 15)
- $B_0 \sim B_3$: 비교신호(핀 9, 11, 14, 1)
- 확장용 입력단자 : 핀 2, 3, 4
- 비교결과 출력단자 : 핀 5, 6, 7

2. 7-Segment LED 표시법

2진수 BCD 숫자의 10진수 표시를 위한 대표적인 것이 BCD-to-7 Segment 디코더이다. 이것은 BCD로 나타내는 숫자 신호를 7-Segment로 디코딩시킨 후 이를 발광소자(LED)에 연결하여 10진수가 표시되도록 하는 장치이다.

7-Segment의 등가회로 및 표시방법을 그림 9-2에 나타내고 있다. 그림 9-3(a) 7-Segment의 형태를 참고로 하여 BCD 코드를 10진수로 변환시키는 진리표를 나타내면 표 9-1과 같다.

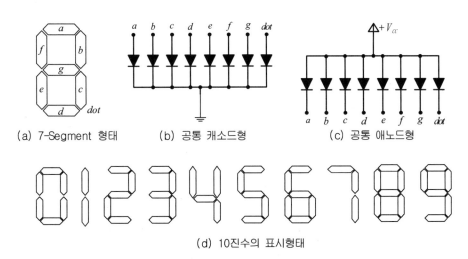

(a) 7-Segment 형태   (b) 공통 캐소드형   (c) 공통 애노드형

(d) 10진수의 표시형태

그림 9-3 7-Segment의 등가회로 및 표시방법

표 9-1 BCD-to-7 Segment 진리표

10진수	입력(BCD 코드)				출력(7-Segment)						
	A	B	C	D	a	b	c	d	e	f	g
0	0	0	0	0	1	1	1	1	1	1	0
1	0	0	0	1	0	1	1	0	0	0	0
2	0	0	1	0	1	1	0	1	1	0	1
3	0	0	1	1	1	1	1	1	0	0	1
4	0	1	0	0	0	1	1	0	0	1	1
5	0	1	0	1	1	0	1	1	0	1	1
6	0	1	1	0	1	0	1	1	1	1	1
7	0	1	1	1	1	1	1	0	0	0	0
8	1	0	0	0	1	1	1	1	1	1	1
9	1	0	0	1	1	1	1	1	0	1	1

표 9-1의 진리표를 이용하여 카르노 맵(Karnaugh Map)법에 의해 출력 a, b, c, d, e, f, g를 조합논리회로로 구성하여 표시할 수도 있고, TTL 7447을 사용하여 BCD 입력을 출력(a, b, c, d, e, f, g)으로 뽑아 7-Segment에 연결할 수도 있는데 이와같이 조합회로를 집적하여 하나의 소자로 구성하는 것을 MSI라고 한다.

카르노 맵 법에 의하여 BCD 입력을 7-Segment로 나타내기 위해서 간략화된 논리수식은 다음과 같다.

$$a = A + BD + B'D + CD$$
$$b = B' + CD + C'D'$$

이렇게 하여 출력 a, b, c, d, e, f, g를 입력 A, B, C, D로 나타내면 BCD-to-7 Segment의 조합논리회로가 된다.

7-Segment에 사용되는 LED는 그림 9-4와 같이 저항을 직렬로 연결하여 전류를 흘려 주면 발광한다.

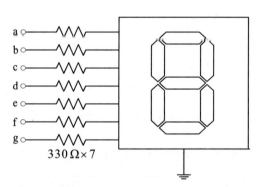

그림 9-4 7-Segment LED의 저항 연결법

시판되는 LED 수치표시기에는 그림 9-3(b)와 같이 Common-Cathode(K형)를 공통으로 하여 GND에 연결하고 입력을 ON 시키고자 하는 편에 "1"을, 그외의 입력에 "0"을 걸어주고, 그림 9-3(c)와 같이 Common-Anode(A형)를 공통으로 하여 Vcc에 연결하고 입력을 ON 시키고자 하는 편에 "0"을, 그 외의 입력에는 "1"(Vcc)을 걸어주도록 되어 있다. LTS 542는 A형, LTS 543 은 K형이다. 또 BCD-to-7 Segment Decoder/Driver 중에서 7446, 7447은 A형을 위한 것이고, 7448, 7449는 K형을 위한 것이다.

IC 7447은 BCD-to-7 Segment Decoder/Driver 이다. 7-Segment란 FND와 같은 숫자 표시기를 말한다. F는 Fairchild란 제조 회사이고, ND(Numeric Display)는 숫자 표

시기이다. 그림 9-5에 IC 7447의 핀 구성을 보이고, 표 9-2에 IC 7447의 Function Table을 보여준다.

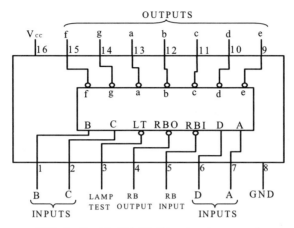

그림 9-5 IC 7447 Pin Assignment

표 9-2 IC 7447 Function Table

십진수/	INPUT						BI/	OUTPUT						
기능	LT	RBI	D	C	B	A	RBO	a	b	c	d	e	f	g
0	H	H	L	L	L	L	H	on	on	on	on	on	on	off
1	H	X	L	L	L	H	H	off	on	on	off	off	off	off
2	H	X	L	L	H	L	H	on	on	off	on	on	off	on
3	H	X	L	L	H	H	H	on	on	on	on	off	off	on
4	H	X	L	H	L	L	H	off	on	on	off	off	on	on
5	H	X	L	H	L	H	H	on	off	on	on	off	on	on
6	H	X	L	H	H	L	H	off	off	on	on	on	on	on
7	H	X	L	H	H	H	H	on	on	on	off	off	off	off
8	H	X	H	L	L	L	H	on	on	on	on	on	on	on
9	H	X	H	L	L	H	H	on	on	on	off	off	on	on
10	H	X	H	L	H	L	H	off	off	off	on	on	off	on
11	H	X	H	L	H	H	H	off	off	on	on	off	off	on
12	H	X	H	H	L	L	H	off	on	off	off	off	on	on
13	H	X	H	H	L	H	H	no	off	off	on	off	on	on
14	H	X	H	H	H	L	H	off	off	off	on	on	on	on
15	H	X	H	H	H	H	H	off	off	off	off	off	off	off
BI	X	X	X	X	X	X	L	off	off	off	off	off	off	off
RBI	H	L	L	L	L	L	L	off	off	off	off	off	off	off
LT	L	X	X	X	X	X	H	on	on	on	on	on	on	on

※ H=high level, L=low level, X=irrelevant, on=H, off=L

표 9-2의 Function Table을 요약하면,

1. 입력 BI(blanking input)/RBO(ripple blanking output)가 Open되어 있거나 "H" 상태를 유지해야만 숫자 0~15까지 만들 수 있다.

2. BI/RBO(blanking input/ripple blanking output)에 "L"을 공급하면 다른 입력들이 어떤 상태이든 간에 모든 Segment 출력은 off상태가 된다. 즉, 아무 숫자도 나타나지 않는다.

3. BI/RBO에 "H"를 공급하고 LT(lamp test)를 "L" 상태로 하면 모든 Segment 출력은 on상태가 된다. 즉, 숫자로 8이 나타난다.

회로에서 lamp test를 해서 숫자 8이 나타나면 그 회로는 정상적으로 작동 된다.

사용기기 및 부품

· 논리회로 실험장치(Digital Logic Lab. Unit)
· DC Power Supply
· Oscilloscope
· 74LS04(NOT 게이트)
· 74LS08(2 - 입력 AND 게이트)
· 74LS20(dual 4-input NAND 게이트)
· 74LS32(2 - 입력 OR 게이트)
· 74LS42(BCD-to-Decimal 디코더)
· 74LS47(BCD-to-7 Segment Decoder)
· 74LS85(2진 4비트 비교기)
· 74LS90(Decade Counter)
· LTS 542 (Common Anode형 FND)
· LED

실험과정

1. 그림 9-6은 2진 1비트 대소비교회로이다. 회로를 구성하고, 여러 가지 입력을 조합하여 다음의 진리표 표 9-3을 작성하여라.

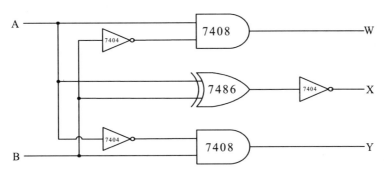

그림 9-6 2진 1비트 대소비교회로

표 9-3 그림 9-6의 실험 결과

입 력		출 력		
A	B	W	X	Y
0	0			
0	1			
1	0			
1	1			

2. 그림 9-7의 2진 8비트 비교기 회로를 구성하고, 여러 가지 입력을 조합하여 다음의 진리표 표 9-4를 작성하여라.

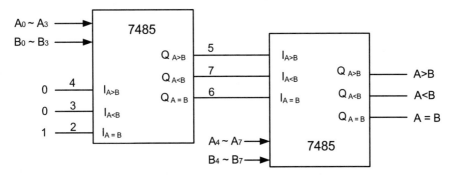

- $A_0 \sim A_3$: 기준신호(핀 10, 12, 13, 15)   • $B_0 \sim B_3$: 비교신호(핀 9, 11, 14, 1)
- 확장용 입력단자(핀 2, 3, 4)   • 비교 결과 출력단자(핀 5, 6, 7)

그림 9-7 2진 8비트 비교기 회로

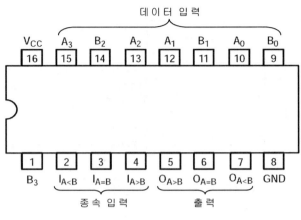

그림 9-8 IC 74LS85 핀배치도

표 9-4 그림 9-7의 실험 결과

입 력		출 력		
$A_0 \sim A_7$	$B_0 \sim B_7$	$O_{A > B}$	$O_{A = B}$	$O_{A < B}$

3. 그림 9-9와 같은 회로를 결선하고 클럭 펄스(Clock pulse)에 의하여 출력 7-Segment a ~ g까지를 표 9-5에 표시하여 완성하여라.

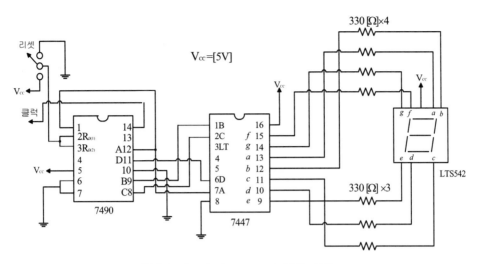

그림 9-9 7-Segment 구동 회로

Connection Diagram

Reset/CountTruth Table

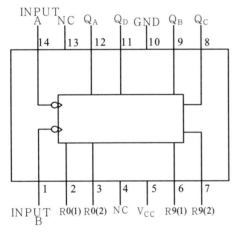

Reset Inputs				Output			
R0(1)	R0(2)	R9(1)	R9(2)	Q_D	Q_C	Q_B	Q_A
H	H	L	X	L	L	L	L
H	H	X	L	L	L	L	L
X	X	H	H	H	L	L	H
X	L	X	L	COUNT			
L	X	L	X	COUNT			
L	X	X	L	COUNT			
X	L	L	X	COUNT			

그림 9-10 74LS90(Decade Counter) 핀배치도 및 진리표

표 9-5 그림 9-9의 7-Segment 출력 결과

클럭 펄스	출력(7-Segment)							
	10진수	a	b	c	d	e	f	g
0								
1								
2								
3								
4								
5								
6								
7								
8								
9								

⌘ 실험 9. 실험 결과 보고서 ⌘

실험제목 :	일 자 :	실험조 :
학 번 :	성 명 :	

1. 실험 결과

1)

표 9-3 그림 9-6의 실험 결과

입 력		출 력		
A	B	W	X	Y
0	0			
0	1			
1	0			
1	1			

2)

표 9-4 그림 9-7의 실험 결과

입 력		출 력		
$A_0 \sim A_7$	$B_0 \sim B_7$	$O_{A > B}$	$O_{A = B}$	$O_{A < B}$

3)

표 9-5 그림 9-9의 7-Segment 출력 결과

클럭 펄스	출력(7-Segment)							
	10진수	a	b	c	d	e	f	g
0								
1								
2								
3								
4								
5								
6								
7								
8								
9								

2. 실험 결과 고찰

(1) 2진수의 크기 비교기에 대하여 설명하시오.

(2) 74LS85 2진 4비트 비교기의 직렬 입력에 대하여 설명하시오.

(3) 74LS85를 이용하여 2진수 8비트 크기비교기 회로를 구성하시오.

(4) 7-Segment LED의 종류 2가지에 대하여 설명하시오.

(5) BCD-to-7 Segment Decoder/Driver의 종류 및 기능에 대하여 설명하시오.

♥ NOTE ♥

실험 10 │ 멀티플렉서와 디멀티플렉서
(Multiplexer and Demultiplexer)

 실험 목적

> 멀티플렉서와 디멀티플렉서의 구조와 동작원리를 이해하고, 그 활용 방법을 실험을 통해 습득한다.

이 론

1. 멀티플렉서(Multiplexer)

디지털 멀티플렉서는 많은 입력선 중에서 하나를 선택하여 출력선에 연결하는 조합회로이다. 즉, n개의 입력 데이터(신호)중에서 1개씩 선택해서 1 채널(channel)로 송신하는 기능을 가진 논리회로를 데이터 셀렉터(data selector) 또는 멀티플렉서(multiplexer)라고한다. 이때 입력 데이터(신호)의 선택은 선택 신호에 의해서 제어된다.

선택선의 값에 따라서 특별한 입력선이 선택되는데, 일반적으로 멀티플렉서는 2^n개의 입력선과 n개의 선택선으로 구성된다. 이 때 멀티플렉서는 n개의 선택선의 비트 조합에 따라 입력선 중에 하나가 선택된다.

멀티플렉서는 입력신호를 처리하여 새로운 신호를 만들어 출력하는 것이 아니고, 여러개의 입력 중에서 하나를 선택하여 그대로 출력하는 것이므로 AND 게이트를 사용하여선택된 신호를 통과시키고 나머지 신호는 통과시키지 않으면 된다. 즉 스위칭 기능을 수행하는 것이다.

그림 10-1은 멀티플렉서의 동작을 개념적으로 나타낸 것이고, 그림 10-2는 4×1 멀티플렉서의 블록도를 나타낸다. 그림 10-3은 4개의 입력선과 1개의 출력선 그리고 2개의 선택선을 가지는 4×1 멀티플렉서를 나타낸 것이다.

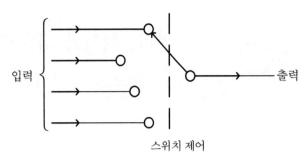

그림 10-1 멀티플렉서의 기능

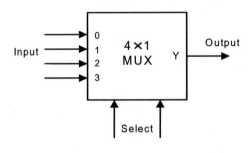

그림 10-2 4×1 MUX 블록도

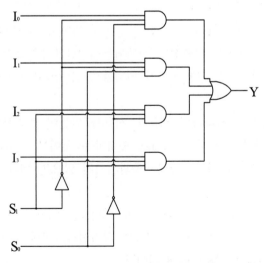

그림 10-3 4×1 멀티플렉서 회로도

표 10-1 4×1 멀티플렉서 진리표

S_1	S_0	Y
0	0	I_0
0	1	I_1
1	0	I_2
1	1	I_3

그림 10-3에서 데이터 입력 $I_0 \sim I_3$는 선택 입력 S_1과 S_0에 의해 선택되어 출력에 나타난다. 예를 들어, 선택 입력 $S_1S_0 = 00$이면 첫 번째 AND 게이트가 인에이블되어 데이터 I_0가 출력되고, $S_1S_0 = 01$이면 두 번째 AND 게이트가 인에이블되어 I_1이 출력된다. $S_1S_0 = 10$이면 세 번째 AND 게이트가 인에이블되어 I_2가 출력되고, $S_1S_0 = 11$이면 네 번째 AND 게이트가 인에이블되어 I_3가 출력된다.

2. 디멀티플렉서(Demultiplexer)

디멀티플렉서(demultiplexer)는 멀티플렉서와 상반된 역할을 하는 조합논리회로로서, 1개의 입력선을 복수개의 출력선 중의 하나에 연결하는 데이터 분배회로이다. 일반적으로 디멀티플렉서는 1개의 입력선과 n개의 선택선, 그리고 2^n개의 출력선으로 구성된다. 선택선이 n비트이면 2^n개의 출력선 중에서 하나를 선택할 수 있다. 그림 10-4는 디멀티플렉서의 동작을 개념적으로 나타낸 것이고, 그림 10-5는 1×4 디멀티플렉서의 블록도를 나타낸다. 그림 10-6은 1개의 입력선과 4개의 출력선 그리고 2개의 선택선을 가지는 1×4 디멀티플렉서를 나타낸 것이다.

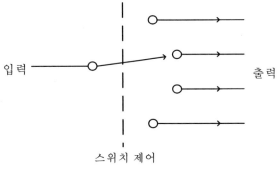

입력 / 출력 / 스위치 제어

그림 10-4 디멀티플렉서의 기능

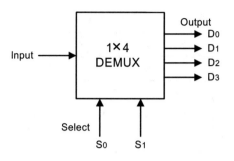

그림 10-5 1×4 DEMUX 블록도

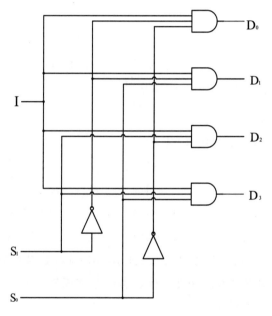

그림 10-6 1×4 디멀티플렉서

표 10-2 1×4 디멀티플렉서 진리표

Input	선택선		Output			
	S_0	S_1	D_0	D_1	D_2	D_3
I	0	0	I	0	0	0
I	0	1	0	I	0	0
I	1	0	0	0	I	0
I	1	1	0	0	0	I

그림 10-6에서 제어선이 $S_0 = 1$, $S_1 = 0$일 경우 4개의 AND 게이트 중 두 번째만이 enable되므로 입력신호 I는 그대로 출력선 D_1에 나타난다.

 ## 사용기기 및 부품

- 논리실험장치(Digital Logic Lab. Unit)
- DC power supply
- Oscilloscope
- 74LS04(NOT 게이트)
- 74LS08(2 – 입력 AND 게이트)
- 74LS32(2 – 입력 OR 게이트)
- 74LS11(3조 3 – 입력 AND)
- 74LS139(Dual 1× 4 Demultiplexer)
- 74LS153(Dual 4× 1 Multiplexer)
- LED

 ## 실험과정

1. 앞의 그림 10-3과 같이 멀티플렉서 회로를 구성하고, 선택 단자 S0, S1에 따른 출력 상태를 표 10-3에 기록 확인하시오.

표 10-3 그림 10-3의 실험 결과

선택 입력		데이터 입력				출 력
S_0	S_1	I_0	I_1	I_2	I_3	Y
0	0	0	×	×	×	
0	0	1	×	×	×	
0	1	×	0	×	×	
0	1	×	1	×	×	
1	0	×	×	0	×	
1	0	×	×	1	×	
1	1	×	×	×	0	
1	1	×	×	×	1	

2. 그림 10-7은 멀티플렉서 기능의 IC 74153을 나타내며, 74153은 Dual 4×1 멀티플렉서 IC이다.

74153 IC를 사용하여 핀 구성을 그림 10-8과 같이 하여 4×1 Multiplexer 회로를 구성하고, 출력값을 표 10-4에 기입하라. 이것이 그림 10-3의 회로의 실험 결과와 동일함을 실험을 통하여 확인하라.

그림 10-8에서 입력 A, B, C, D와 선택선 S_1, S_2는 스위치에 연결하여 'HIGH'와 'LOW' 신호를 인가하고, 출력 Y에는 LED를 연결하여 실험 결과를 확인한다.

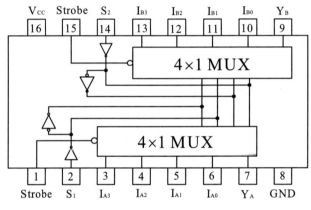

그림 10-7 Multiplexer IC 74153

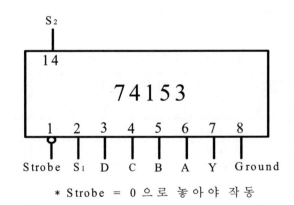

* Strobe = 0 으로 놓아야 작동

그림 10-8 74153 IC를 사용한 4×1 Multiplexer의 핀 구성

표 10-4 그림 10-8의 74153 IC 회로 실험 결과

선택 입력		데이터 입력				출 력
S_1	S_2	A	B	C	D	Y
0	0	0	$\times$	$\times$	$\times$	
0	0	1	$\times$	$\times$	$\times$	
0	1	$\times$	0	$\times$	$\times$	
0	1	$\times$	1	$\times$	$\times$	
1	0	$\times$	$\times$	0	$\times$	
1	0	$\times$	$\times$	1	$\times$	
1	1	$\times$	$\times$	$\times$	0	
1	1	$\times$	$\times$	$\times$	1	

3. 앞의 그림 10-6과 같이 디멀티플렉서 회로를 구성하고, 선택 단자 S_0, S_1에 따른 출력 상태를 표 10-5에 기록 확인하시오.

표 10-5 그림 10-6의 실험 결과

선택 입력		데이터 입력	출 력			
S_0	S_1	I	D_0	D_1	D_2	D_3
0	0	1				
0	0	1				
1	0	1				
1	1	1				

4. 그림 10-9는 디멀티플렉서 기능의 IC 74139를 나타내며, 74139는 Dual 1×4 디멀티플렉서 IC이다.

74139 IC를 사용하여 핀 구성을 그림 10-8과 같이 하여 1×4 Demultiplexer 회로를 구성하고, 출력값을 표 10-6에 기입하라. 이것이 그림 10-6의 회로 실험 결과와 동일함을 실험을 통하여 확인하라.

그림 10-8에서 입력 I와 선택선 S_1, S_2는 스위치에 연결하여 'HIGH'와 'LOW'신호를 인가하고, 출력 Y_0, Y_1, Y_2, Y_3에는 LED를 연결하여 실험 결과를 확인한다.

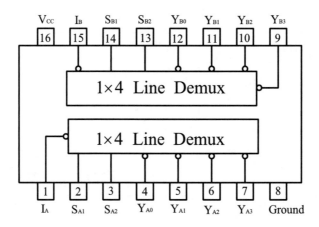

그림 10-9 Demultiplexer IC 74139

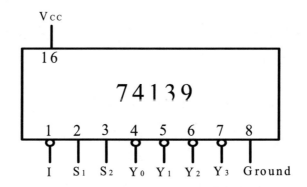

그림 10-10 74139 IC를 사용한 1×4 Demultiplexer의 핀 구성

표 10-6 그림 10-10의 74139 IC 회로 실험 결과

선택 입력		데이터 입력	출 력			
S_1	S_2	I	Y_0	Y_1	Y_2	Y_3
×	×	0				
0	0	1				
0	1	1				
1	0	1				
1	1	1				

✥ 실험 10. 실험 결과 보고서 ✥

실험제목 :	일 자 :	실험조 :
학 번 :	성 명 :	

1. 실험 결과

1)

표 10-3 그림 10-3의 실험 결과

선택 입력		데이터 입력				출 력
S_0	S_1	I_0	I_1	I_2	I_3	Y
0	0	0	×	×	×	
0	0	1	×	×	×	
0	1	×	0	×	×	
0	1	×	1	×	×	
1	0	×	×	0	×	
1	0	×	×	1	×	
1	1	×	×	×	0	
1	1	×	×	×	1	

2)

표 10-4   그림 10-8의 74153 IC 회로 실험 결과

선택 입력		데이터 입력				출력
S_1	S_2	A	B	C	D	Y
0	0	0	×	×	×	
0	0	1	×	×	×	
0	1	×	0	×	×	
0	1	×	1	×	×	
1	0	×	×	0	×	
1	0	×	×	1	×	
1	1	×	×	×	0	
1	1	×	×	×	1	

3)

표 10-5   그림 10-6의 실험 결과

선택 입력		데이터 입력	출 력			
S_0	S_1	I	D_0	D_1	D_2	D_3
0	0	1				
0	0	1				
1	0	1				
1	1	1				

4)

표 10-6   그림 10-10의 74139 IC 회로 실험 결과

선택 입력		데이터 입력	출 력			
S_1	S_2	I	Y_0	Y_1	Y_2	Y_3
×	×	0				
0	0	1				
0	1	1				
1	0	1				
1	1	1				

2. 실험 결과 고찰

(1) 멀티플렉서와 디멀티플렉서에 대하여 간단히 설명하시오.

(2) 4×1 멀티플렉서의 논리 회로도를 그리고, 그 진리표값을 작성하시오.

(3) 4×1 멀티플렉서 IC(74153)의 핀배치를 그리고, 간단히 설명하시오.

(4) 1×4 디멀티플렉서의 논리회로도를 그리고, 그 진리표값을 작성하시오.

(5) 디코더와 디멀티플렉서의 차이점을 비교 설명하시오.

<table><tr><td>

실험 11

</td><td>

코드 변환기
(Code Converter)

</td></tr></table>

 실험 목적

> 코드 변환기 회로의 구성 방법과 동작 원리를 이해하고 각종 코드 변환기의 실험을 통하여 코드 변환기에 대한 응용력을 기른다.

 이 론

코드 변환기는 하나의 코드를 다른 형태의 코드로 변환시키는 논리회로이다. BCD 코드가 컴퓨터에 의해 저장이나 처리되도록 하기 위해서는 2진수로 변환되어야 하는 것처럼 디지털 시스템에서는 다양한 형태의 코드 변환이 필요하다. 일반적인 코드 변환에는 BCD-to-2진 변환, 2진-to-BCD 변환, 2진-to-그레이코드 변환, 그레이코드-to-2진 변환, 2진-to-3초과코드 변환 등이 있다. BCD-to-7세그먼트 디코더는 BCD 코드에 대응하는 10진수를 7세그먼트 형태로 변환시키기 때문에 코드 변환기의 일종이다.

1. BCD-to-2진 변환기

BCD(binary coded decimal)는 10진수와 2진수의 특성을 모두 포함하는 코드로서, 2진 코드로 각 10진수를 표현하는 10진수 체계이다. BCD에서는 4비트의 2진수에 의해 각각의 10진수가 표현되므로 0(0000)에서 9(1001)까지의 10개의 코드만 사용된다. BCD의 장점을 10개의 코드만 사용하기 때문에 10진수를 BCD로 변환하는 것이 비교적 용이하다는 점이다. 이런 변환의 용이함은 BCD를 10진수로 또는 10진수를 BCD로의 변환이 필요한 디지털 시스템을 구성할 때 매우 중요하다. BCD 코드를 2진수로 변환하는 방법은 BCD 코드에서 1로 표현된 비트의 10진 가중치를 2진수로 나타내어 모두 더하면, 그 값은 BCD 코드에 대응하는 2진수가 된다. 두 자리의 BCD에 대한 각 비트의 10진 가중치를 2진수로 변환하면 표 11-1과 같다.

표 11-1 BCD 비트에 대한 10진 가중치의 2진 표현

BCD 비트	10진 가중치	b_6	b_5	b_4	b_3	b_2	b_1	b_0
A_0	1	0	0	0	0	0	0	1
B_0	2	0	0	0	0	0	1	0
C_0	4	0	0	0	0	1	0	0
D_0	8	0	0	0	1	0	0	0
A_1	10	0	0	0	1	0	1	0
B_1	20	0	0	1	0	1	0	0
C_1	40	0	1	0	1	0	0	0
D_1	80	1	0	1	0	0	0	0

예를 들어 BCD 코드 01010111 (10진수 57)을 2진수로 변환하면, BCD 코드의 1들의 가중치가 1, 2, 4, 10, 40이므로 이를 2진수로 나타내어 더하면 다음과 같다.

```
    0000001    1
    0000010    2
    0000100    4
    0001010    10
  + 0101000    40
    0111001    10진수 57의 2진수
```

BCD 코드의 2진수로의 변환 과정에 따라서 가산기를 이용하여 BCD-to-2진 변환기를 구현 할 수 있다.

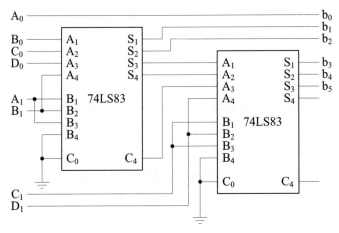

그림 11-1 4비트 병렬가산기를 이용한 BCD-to-2진 변환기

그림 11-1은 2개의 4비트 병렬가산기를 이용하여 구성한 BCD-to-2진 변환기이다. BCD 코드에서 1인 비트를 2진수로 나타내고, 2진수의 각 비트들을 가산기를 사용해서 더한다. BCD에서 1인 비트만 2진수로 변환하면 해당 열에 1이 생긴다.

이 특성을 이용해서 BCD 코드의 1이 입력되면 가산기의 해당 열에 1을 출력하도록 한다. 변환기는 두 자리의 BCD 입력을 위한 8개의 입력과 7비트의 2진수 출력을 위한 7개의 출력으로 구성된다. 2개의 가산기가 표 6-1에 따른 덧셈을 수행한다. A_0은 LSB인 b_0의 값과 동일하므로 A_0은 출력 b_0와 직접 연결된다. A_1과 B_0을 더하여 b_1을 생성하고, A_2와 B_1을 더해서 b_2를 생성한다. b_3은 A_3, B_0, B_2를 더하여 생성한다. 위와 같은 방법으로 b_4는 B_1과 B_3을 더하고, b_5는 B_2와 위 가산기의 캐리 출력을 더하여 생성한다. b_6은 B_3과 0을 더하여 생성한다.

BCD-to-2진 변환기는 가산기를 이용하여 구현되는 것보다 일반적으로 ROM 으로 구현된다. BCD-to-2진 변환기로는 TTL ROM인 74184가 있으며, 2진-to-BCD 변환기로는 TTL ROM인 74185가 있다.

2. 2진-to-그레이코드 변환기

그레이코드는 한 코드에서 다음 코드로 변화할 때 단지 하나의 비트만이 변화되는 최소 변화 코드로서, 비트의 위치가 가중치를 가지지 않는 비가중치 코드이기 때문에 산술연산에는 부적합하고 입출력장치와 A/D 변환기 같은 응용장치에 많이 사용된다. 2진수와 그레이코드 사이의 변환은 다른 코드를 그레이코드로 변환시킬 때 유용하다.

2진수를 그레이코드로 변환하는 방법을 다음과 같다.

⟨1⟩ 그레이 코드의 MSB는 2진수의 대응하는 MSB와 같다.
⟨2⟩ 2진수의 MSB에서부터 이웃한 두 비트씩 Exclusive-OR하면 그레이코드의 다음 비트가 된다.

그림 11-2는 Exclusive-OR 게이트를 이용하여 구현된 4비트 2진-to-그레이코드 변환기이다.

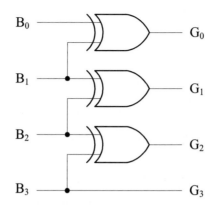

그림 11-2 4비트 2진-to-그레이코드 변환기

3. 그레이코드-to-2진 변환기

그레이코드를 2진수로 변환하는 방법을 2진수를 그레이코드로 변환하는 방법과 비슷하나 약간의 차이가 있으며 다음과 같다.

〈1〉 2진수의 MSB는 그레이코드에 대응하는 MSB와 같다.
〈2〉 MSB부터 2진수의 비트와 그레이코드의 다음 비트를 Exclusive-OR하면 2진수의 다음 비트가 된다.

그림 11-3은 Exclusive-OR 게이트를 이용하여 구현된 4비트 그레이코드-to-2진 변환기이다.

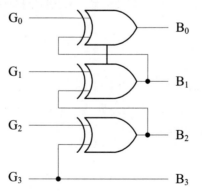

그림 11-3 4비트 그레이코드-to-2진 변환기

4. BCD-to-3초과코드 변환기

3초과코드는 각각의 10진수에 3을 더해서 4비트의 2진수로 변환한 BCD와 연관된 코드로서 비트의 위치에 해당하는 가중치를 가지지 않는 비가중치 코드이다. 예를 들어, 10진수 2와 9의 3초과코드는 다음과 같이 구할 수 있다.

$$
\begin{array}{r}
2 \\
+ \quad 3 \\
\hline
5
\end{array}
\quad \rightarrow \quad 0101
\qquad
\begin{array}{r}
9 \\
+ \quad 3 \\
\hline
12
\end{array}
\quad \rightarrow \quad 1100
$$

3초과코드의 중요한 특징은 자보수 코드라는 것이다. 즉, 3초과코드의 1의 보수는 대응하는 10진수에 대한 9의 보수에 해당하는 3초과코드이다. 예로서, 10진수 4에 대한 3초과코드는 0111이므로 1의 보수를 구하면 1000이며, 이것은 10진수 5에 해당하는 3초과코드이다. 디지털시스템에서 1의 보수는 단지 각 비트를 반전하여 쉽게 만들 수 있으므로 연산에 유용하다. BCD 입력에 0011을 더하면 3초과코드가 출력되므로 가산기를 사용하여 변환기를 구현할 수 있다.

그림 11-4는 4비트 병렬가산기로 구현된 BCD-to-3초과코드 변환기이다.

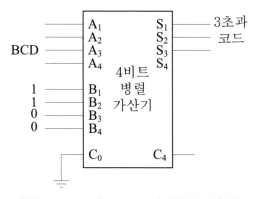

그림 11-4 BCD-to-3초과코드 변환기

🖳 사용기기 및 부품

- 논리실험장치(Digital Logic Lab. Unit)
- DC power supply
- 디지털실험장치
- 74LS83 4비트 병렬가산기
- 74LS86 Exclusive-OR 게이트
- 74184 BCD-to-2진 변환기

· 74185 2진-to-BCD 변환기
· LED

실험과정

1. 그림 11-5의 74LS83 병렬가산기를 이용한 BCD-to-2진 변환기를 구성하고, 입력 BCD에 대한 2진수의 출력을 측정하여 표 11-2에 기록하시오.

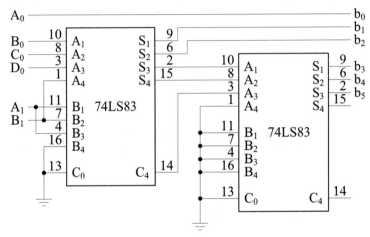

그림 11-5 74LS83 병렬가산기를 이용한 BCD-to-2진 변환기

표 11-2 그림 11-5의 실험 결과

B_1	A_1	D_0	C_0	B_0	A_0	b_5	b_4	b_3	b_2	b_1	b_0
0	0	0	0	+1	+1						
0	0	0	+1	+1	+1						
0	+1	0	0	+1	0						
0	+1	0	+1	0	0						
+1	0	0	+1	0	+1						
+1	0	+1	0	0	0						
+1	+1	0	+1	+1	0						
+1	+1	+1	0	0	+1						

2. 그림 11-6의 74184 BCD-to-2진 변환기를 구성하고, 입력 BCD에 대한 2진수의 출력을 측정하여 표 11-3 에 기록하시오.

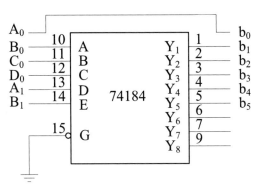

그림 11-6   74184 BCD-to-2진 변환기

표 11-3 그림 11-6의 실험 결과

B_1	A_1	D_0	C_0	B_0	A_0	b_5	b_4	b_3	b_2	b_1	b_0
0	0	0	0	+1	+1						
0	0	0	+1	+1	+1						
0	+1	0	0	+1	0						
0	+1	0	+1	0	0						
+1	0	0	+1	0	+1						
+1	0	+1	0	0	0						
+1	+1	0	+1	+1	0						
+1	+1	+1	0	0	+1						

3. 그림 11-7의 74185 2진-to-BCD 변환기를 구성하고, 입력 2진수에 대한 BCD의 출력을 측정하여 표 11-4에 기록하시오.

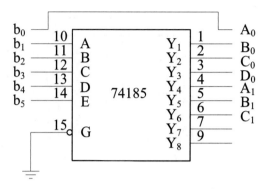

그림 11-7 74185 2진-to-BCD 변환기

표 11-4 그림 11-7의 실험 결과

b_5	b_4	b_3	b_2	b_1	b_0	C_1	B_1	A_1	D_0	C_0	B_0	A_0
0	0	0	1	1	0							
0	0	1	1	0	1							
0	1	1	0	1	0							
1	0	0	1	0	1							
1	0	1	1	1	0							
1	1	0	1	1	0							
1	1	1	1	1	1							

4. 그림 11-8의 4비트-to-그레이코드 변환기를 구성하고, 입력 2진수에 대한 그레이코드의 출력을 측정하여 표 11-5에 기록하시오.

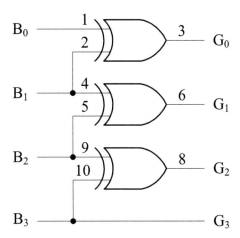

그림 11-8 4비트 2진-to-그레이코드 변환기

표 11-5 그림 11-8의 실험 결과

B_3	B_2	B_1	B_0	G_3	G_2	G_1	G_0
0	0	1	1				
0	1	0	1				
0	1	1	1				
1	0	0	1				
1	0	1	1				
1	1	0	1				
1	1	1	1				

5. 그림 11-9의 4비트 그레이코드-to-2진 변환기를 구성하고, 입력 그레이코드에 대한 2진수의 출력을 측정하여 표 11-6에 기록하시오.

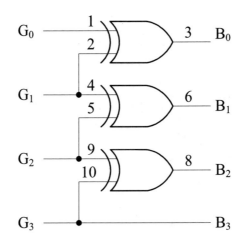

그림 11-9 4비트 그레이코드-to-2진 변환기

표 11-6 그림 11-9의 실험 결과

G_3	G_2	G_1	G_0	B_3	B_2	B_1	B_0
0	0	1	1				
0	1	0	1				
0	1	1	1				
1	0	0	1				
1	0	1	1				
1	1	0	1				
1	1	1	1				

6. 그림 11-10의 BCD-to-3초과코드 변환기를 구성하고, 입력 BCD에 대한 3초과코드
의 출력을 측정하여 표 11-7에 기록하시오.

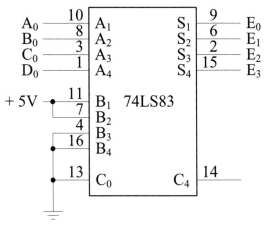

그림 11-10 BCD-to-3초과코드 변환기

표 11-7 그림 11-10의 실험 결과

D_0	C_0	B_0	A_0	E_3	E_2	E_1	E_0
0	0	0	0				
0	0	0	1				
0	0	1	0				
0	0	1	1				
0	1	0	0				
0	1	0	1				
0	1	1	0				
0	1	1	1				
1	0	0	0				
1	0	0	1				

♥ NOTE ♥

⌘ 실험 11. 실험 결과 보고서 ⌘

실험제목 :	일 자 :	실험조 :
학 번 :	성 명 :	

1. 실험 결과

1)

표 11-2 그림 11-5의 실험 결과

B_1	A_1	D_0	C_0	B_0	A_0	b_5	b_4	b_3	b_2	b_1	b_0
0	0	0	0	+1	+1						
0	0	0	+1	+1	+1						
0	+1	0	0	+1	0						
0	+1	0	+1	0	0						
+1	0	0	+1	0	+1						
+1	0	+1	0	0	0						
+1	+1	0	+1	+1	0						
+1	+1	+1	0	0	+1						

2)

표 11-3 그림 11-6의 실험 결과

B_1	A_1	D_0	C_0	B_0	A_0	b_5	b_4	b_3	b_2	b_1	b_0
0	0	0	0	+1	+1						
0	0	0	+1	+1	+1						
0	+1	0	0	+1	0						
0	+1	0	+1	0	0						
+1	0	0	+1	0	+1						
+1	0	+1	0	0	0						
+1	+1	0	+1	+1	0						
+1	+1	+1	0	0	+1						

3)

표 11-4 그림 11-7의 실험 결과

b_5	b_4	b_3	b_2	b_1	b_0	C_1	B_1	A_1	D_0	C_0	B_0	A_0
0	0	0	1	1	0							
0	0	1	1	0	1							
0	1	1	0	1	0							
1	0	0	1	0	1							
1	0	1	1	1	0							
1	1	0	1	1	0							
1	1	1	1	1	1							

4)

표 11-5 그림 11-8의 실험 결과

B_3	B_2	B_1	B_0	G_3	G_2	G_1	G_0
0	0	1	1				
0	1	0	1				
0	1	1	1				
1	0	0	1				
1	0	1	1				
1	1	0	1				
1	1	1	1				

5)

표 11-6 그림 11-9의 실험 결과

G_3	G_2	G_1	G_0	B_3	B_2	B_1	B_0
0	0	1	1				
0	1	0	1				
0	1	1	1				
1	0	0	1				
1	0	1	1				
1	1	0	1				
1	1	1	1				

6)

표 11-7 그림 11-10의 실험 결과

D_0	C_0	B_0	A_0	E_3	E_2	E_1	E_0
0	0	0	0				
0	0	0	1				
0	0	1	0				
0	0	1	1				
0	1	0	0				
0	1	0	1				
0	1	1	0				
0	1	1	1				
1	0	0	0				
1	0	0	1				

2. 실험 결과 고찰

(1) BCD 코드에 대하여 설명하시오.

(2) BCD-to-2진 코드변환기의 구성 방법에 대하여 설명하시오.

(3) 그레이 코드에 대하여 설명하고, 2진 코드와의 차이점 및 응용 분야에 대하여 기술하시오.

(4) 3초과코드에 대하여 설명하시오

플립플롭을 이용한 순차논리회로 실험

실험 12 | RS-플립플롭과 D-플립플롭 (RS-Flip Flop and D-Flip Flop)

 ## 실험 목적

기억 소자로서 플립플롭(Flip-Flop)의 기본 개념을 이해하고 RS 및 D 플립플롭 (Flip-Flop)의 원리 및 동작 특성을 이해한다.

이 론

디지털 논리회로는 크게 조합논리회로(Combinational Logic Circuit)와 순차논리회로 (Sequential Logic Circuit)의 두 가지로 분류된다.

조합논리회로는 출력이 현재의 입력에 의해서만 결정되는 회로로서, 예를 들면 앞에서 실험한 디코더와 인코더, 가산기와 감산기, 멀티플렉서와 디멀티플렉서 등이다.
순차논리회로는 입력에 의해서만 출력이 결정되는 조합논리회로와는 달리 입력신호 이 외에 현재의 출력상태가 입력으로 피드백되어 최종 출력을 결정하는 회로이다. 이러한 순 차논리회로의 가장 기본이 되는 회로가 플립플롭 회로이며, 이의 종류에는 RS, D, JK, T 플립플롭이 있다.

플립플롭(Flip Flop)은 쌍안정 멀티바이브레이터(Bistable multivibrator)라고도 하며, 다음 입력신호가 들어올 때까지 현재의 출력 상태를 계속 유지하는 회로를 말한다. 플립 플롭은 1개 이상 2개의 입력이 있으며, 출력은 반드시 2개가 존재하며 두 개의 출력은 서 로 상반되는 값을 갖는다.
또한 플립플롭은 메모리 기능을 가지고 있어야 한다. 메모리 소자인 플립플롭은 2진수 1bit를 기억할 수 있는 소자이다. 플립플롭을 이용하면 2진수 "1"과 "0"을 각각 기억시킬 수 있을 뿐 아니라 기억된 값을 바꿔 줄 수도 있다.

1. RS 래치(Latch)

2개의 입력 단자 세트(set)와 리셋(reset)과 2개의 출력 단자 Q와 $\overline{Q}$로 구성된 비동기식(외부 클럭 없이 동작하는) 순서회로를 RS 래치라 하고, 외부 클럭에 연관되어 동작하는 동기식 순서회로를 RS 플립플롭이라 한다.

(1) NOR 게이트로 구성한 RS 래치

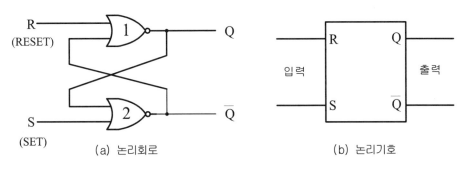

(a) 논리회로   (b) 논리기호

그림 12-1 NOR 게이트로 구성한 RS 래치

그림 12-1과 같이 2개의 입력을 가진 한 쌍의 NOR 게이트로 구성되며, 입력단자 R은 Reset, S는 Set의 첫 글자를 딴 것으로, 출력은 각각 Q와 $\overline{Q}$로 표시한다. 이러한 형의 플립플롭을 직결 RS 플립플롭 또는 RS 래치(Latch)라고 한다.

> Flip-Flop에서
> Q=0 인 상태를 "Reset 또는 Clear",
> Q=1 인 상태를 "Preset 또는 Set 되었다"고 하고,
> Q를 "0"으로 만드는 것을 "Reset 또는 Clear시킨다"고 하고,
> Q를 "1"로 만드는 것을 "Preset 또는 Set시킨다"한다.

위와 같이 정의하여 플립플롭을 기억 소자로 활용할 때, 플립플롭은 "0" 상태를 또는 "1" 상태를 기억하였다고 말한다.

그림 12-1은 2개의 NOR 게이트로 구성된 RS 래치 회로이다. R과 S의 값들에 따라 RS 래치에 대한 진리표는 표 12-1로 얻을 수 있다.

표 12-1 그림 12-1의 진리표

입 력		출 력		출력 상태
R	S	Q	$\overline{Q}$	
0	0	전상태유지		No-change
0	1	1	0	Set
1	0	0	1	Reset
1	1	0	0	Not Used(부정)

표 12-1의 진리표를 보면 R = S = 0일 때는 Q와 $\overline{Q}$는 먼저의 상태를 그대로 유지하고, R = 0, S = 1이면 Q = 1, $\overline{Q}$ = 0이고, R = 1, S = 0이면 Q = 0, $\overline{Q}$ = 1이 된다. 또 R = S = 1인 경우는 플립플롭의 출력이 모두 0이 되므로 이런 상태는 플립플롭 본래의 안정한 상태가 아니고 금지된 입력 상태이므로 이 상태가 되도록 설계해서는 안된다.

(2) NAND 게이트로 구성한 RS 래치

RS 래치를 2개의 NAND 게이트로 구성하면 그림 12-2와 같이 된다.

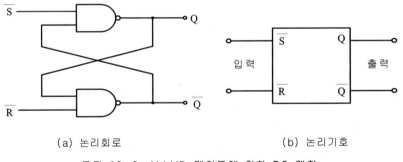

(a) 논리회로   (b) 논리기호

그림 12-2 NAND 게이트에 의한 RS 래치

그림 12-2는 NAND 게이트로 구성한 RS 래치 회로로서, NOR 게이트 RS 래치와 동일한 동작을 수행하나 입력 조건이 반대이다. RS 래치는 입력 $\overline{S}$와 $\overline{R}$ 및 상반된 출력 Q와 $\overline{Q}$를 가지고 있으며, 두 개의 NAND 게이트를 교차 결합하여 구성된다. 각 게이트의 출력이 상대 게이트의 입력으로 연결되어 피드백됨으로써 RS 래치는 저장 능력을 가질 수 있다.

RS 래치에서 $\overline{S} = \overline{R} = 1$인 경우에는 입력이 인가되기 이전의 출력 상태를 유지하며, $\overline{S} = 0$, $\overline{R} = 1$인 경우에는 출력은 항상 $Q = 1$이 되며, $\overline{S} = 1$, $\overline{R} = 0$인 경우에는 출력은 $Q = 0$이 된다. $\overline{S} = \overline{R} = 0$인 경우에는 출력 $Q = \overline{Q} = 1$인 상태로 되어 래치는 항상 상반된 출력을 가져야 하는 특성에 위배되므로 사용하지 않는다.

그림 12-2에서 R과 S의 값들에 따라 RS 래치에 대한 진리표는 표 12-2로 얻을 수 있다.

표 12-2 그림 12-2의 진리표

입 력		출 력		출력 상태
R	S	Q	$\overline{Q}$	
0	0	1	1	Not Used(부정)
0	1	1	0	Set
1	0	0	1	Reset
1	1	전상태유지		No-change

그림 12-2에서 SW의 조작으로 Latch회로를 "1" 또는 "0"의 상태로 만들 수가 있다. 스위치 SW를 어느 쪽으로도 넣지 않은 때는 R=S=1로서 Latch회로는 기억된 상태 즉, 이전 상태를 그대로 유지한다.

그러므로 SW를 어느 한쪽으로 넣을 때는 스위치에서 발생하는 채터링(chattering)이 Q 출력에는 나타나지 않으므로 채터링 방지 회로로도 이용한다.

(3) 동기식 RS 플립플롭

순차논리회로에 사용되는 플립플롭은 보통 Clock Pulse(CP 또는 CLK)로 동기시켜 사용한다. 그림 12-3에서 이 RS 플립플롭은 역시 S(set)=1일 때 플립플롭이 "1"이 되는 동작을 하나 이 동작은 CP=1일 때만 가능하고, CP=0이면 R과 S가 어떤 입력이라도 출력으로 상태의 변환을 전달하지 못한다.

즉, 클럭 펄스가 들어올 때 비로소 R과 S로 준비된 다음 상태가 시행된다. 이 클럭 펄스 CP는 이 RS 플립플롭 뿐 아니라 순서 회로의 전 플립플롭에 다같이 공급되므로 모든 플립플롭은 동시에 CP에 의해서 동기되어 작동한다.

그림 12-3은 클럭 펄스(CP) 입력이 있는 RS 플립플롭을 나타낸다. 그것은 하나의 기본 플립플롭과 추가된 2개의 NAND 게이트로 구성되어 있다. 펄스 입력은 다른 2개의 입력에 대한 인에이블 신호의 역할을 한다. NAND 게이트 3과 4의 출력은 CP 입력이 0에 머물러 있는 한 논리레벨 1의 값에 있다. 이것이 기본 플립플롭의 정지조건이다.

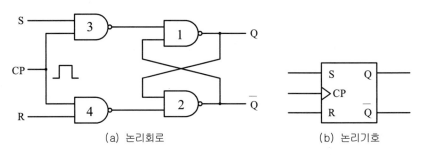

(a) 논리회로 　　　　　　　　　　 (b) 논리기호

그림 12-3　동기식 R-S Flip-Flop

　그림 12-3(a)에서 펄스 입력이 1로 변하면 S 또는 R의 입력으로부터 정보가 출력으로 도달하는 것이 허용된다. 세트 상태는 S=1, R=0, CP=1일 때 도달한다. 세트가 되면 게이트 3의 출력은 0이 되고, 게이트 4의 출력은 1에 머물고, 플립플롭의 출력 Q는 1이 된다. 리셋 상태로 바꾸려면 입력은 S=0, R=1, CP=1이 되어야 한다. 각각의 상태에 있어 CP가 0으로 변한다면 회로는 전의 상태를 유지하게 된다. CP=1이고 S와 R 모두 0일 경우에는 회로의 상태는 바뀌지 않는다. CP=1이고 S와 R 모두 1이면, 부정 상태가 일어난다. 이 상태는 게이트 3과 4의 출력에 0, Q와 $\overline{Q}$의 출력 모두에 1이 되게 한다. 이와 같은 동작상태의 진리표를 표 12-3에 나타냈다.

표 12-3　동기식 RS 플립플롭 진리표

입　　력			출력	출력상태
CP	R	S	Q_{n+1}	
↑	0	0	Q_n	No-change
↑	0	1	1	Set
↑	1	0	0	Reset
↑	1	1	부정	Not used
0	×	×	Q_n	No-change

　　※ Q_n : CP를 주기 전의 Q의 값
　　　Q_{n+1} : CP를 가해준 후의 Q의 값

표 12-3에 의해서 동기식 RS 플립플롭의 타임차트(time chart)는 그림 12-4와 같다.

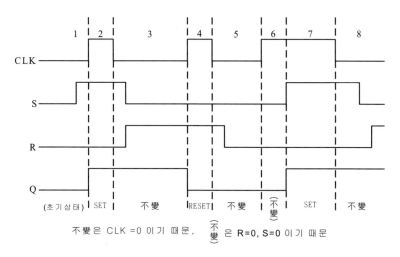

그림 12-4 동기식 RS F-F의 타이밍도

2. D 플립플롭

(1) D Latch

D(Data) 래치는 한 신호선상의 정보(bit)를 다른 곳에 저장하는 용도에 쓰이며, 디지털 계측기기, 컴퓨터 등에 널리 응용된다. 그림 12-5는 NOR 게이트로 구성된 D 래치 회로를 보여주며, 표 12-4는 그 진리표를 나타낸다.

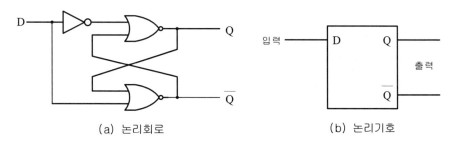

(a) 논리회로   (b) 논리기호

그림 12-5 NOR 게이트로 구성된 D 래치

표 12-4 D 래치의 진리표

입 력	출 력	
D	Q	$\overline{Q}$
0	0	1
1	1	0

또한 D 래치 회로를 NAND 게이트로 구성된 논리 게이트로 구성할 수 있는데, 이것을 그림 12-6에 나타낸다.

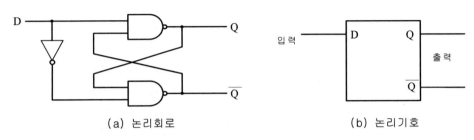

(a) 논리회로   (b) 논리기호

그림 12-6 NAND 게이트로 구성된 D 래치

(2) Edge - Triggered D 플립플롭

D 래치에서 클럭 펄스가 Low에서 High로 올라가는 천이(transition) 時에 회로의 상태가 변하도록 한 것을 正에지-트리거(Positive-edge triggered) D 플립플롭이라 하고, 반대로 클럭 펄스가 High에서 Low로 떨어지는 천이 시에 회로의 상태가 변하도록 한 것을 負에지-트리거(Negative-edge triggered) D 플립플롭이라고 한다. 그림 12-7에 正에지-트리거 D F-F을 나타내고, 그림 12-8에 負에지-트리거 D F-F을 나타낸다.

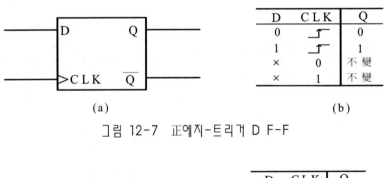

D	CLK	Q
0	⌐	0
1	⌐	1
×	0	不變
×	1	不變

(a)   (b)

그림 12-7 正에지-트리거 D F-F

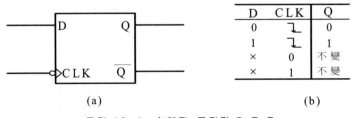

D	CLK	Q
0	⌐	0
1	⌐	1
×	0	不變
×	1	不變

(a)   (b)

그림 12-8 負에지-트리거 D F-F

사용기기 및 부품

· 논리회로 실험장치(Digital Logic Lab. Unit)
· DC Power Supply
· Oscilloscope
· 74LS00(2 - 입력 NAND 게이트)
· 74LS02
· 74LS04(NOT 게이트)
· 74LS08(2 - 입력 AND 게이트)
· 74LS10(3 - 입력 NAND 게이트)
· 74LS32(2 - 입력 OR게이트)
· LED

실험과정

1. 그림 12-9와 같은 NOR 게이트를 사용한 RS 래치 회로를 구성하고, 입력 상태를 조작하여 출력 상태를 측정하여 표 12-5에 기록하시오.

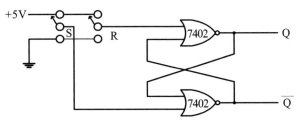

그림 12-9 NOR 게이트를 이용한 RS 래치 회로

표 12-5 그림 12-9의 측정 결과

입력		출력		출력상태
S	R	Q	$\overline{Q}$	
1	0			
0	0			
0	1			
0	0			
1	1			

2. 그림 12-10과 같은 NAND 게이트를 사용한 RS 래치 회로를 구성하고, 입력 상태를
   조작하여 출력 전압을 측정하여 표 12-6에 기록하시오.

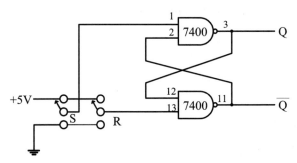

그림 12-10 NAND 게이트를 이용한 RS 래치 회로

표 12-6 그림 12-10의 측정 결과

입력		출력		출력상태
S	R	Q	$\overline{Q}$	
1	0			
1	1			
0	1			
1	1			
0	0			

3. 그림 12-11과 같은 동기식 RS F-F을 구성하여 Clock Pulse에 따른 출력값을 표
   12-7에 기입하라.

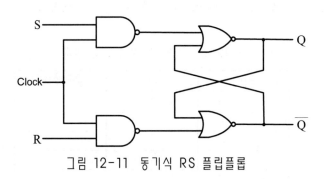

그림 12-11 동기식 RS 플립플롭

표 12-7 동기식 RS 플립플롭 실험 결과

입 력			출 력	
Clock	R	S	Q	$\overline{Q}$
0	0	1		
0	0	0		
0	1	0		
0	0	0		
0	1	1		
1↑	0	1		
1↑	0	0		
1↑	1	0		
1↑	0	0		
1↑	1	1		

4. 그림 12-12와 같이 NOR 게이트를 이용한 D 래치 회로를 구성하고, 입력 D의 변화
에 따른 출력을 측정하여 표 12-8을 완성하라.

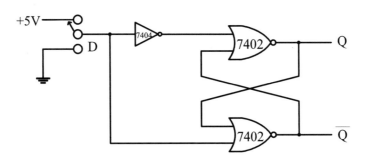

그림 12-12 NOR 게이트를 이용한 D 래치 회로

표 12-8 그림 12-12의 실험 결과

입 력	출 력	
D	Q	$\overline{Q}$
0		
1		

5. 그림 12-13과 같이 IC 7474 D 플립플롭 회로를 구성하고, Q와 $\overline{Q}$를 측정하여 표 12-9를 완성하여라. 단, 클럭 펄스를 인가하기 전에 CLR은 접지 후 +Vcc에 접속하고, PR은 +Vcc에 접속한다.

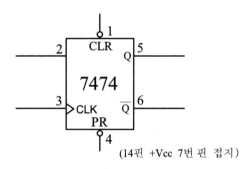

(14핀 +Vcc 7번 핀 접지)

그림 12-13 IC 7474 D 플립플롭

표 12-9 그림 12-13의 실험 결과

클 럭	데 이 터	출 력	
CP	D	Q	$\overline{Q}$
0	0		
1↑	0		
0	1		
1↑	1		

6. 그림 12-14와 같이 IC 7476(Dual JK 플립플롭)을 이용하여 D 플립플롭 회로를 구성하고, Q와 $\overline{Q}$를 측정하여 표 12-9를 완성하여라. 단, 클럭 펄스를 인가하기 전에 CLR은 접지 후 +Vcc에 접속하고, PR은 +Vcc에 접속한다.

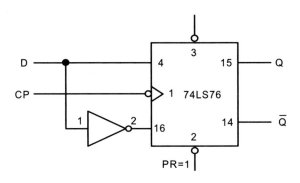

그림 12-14 IC 7476을 이용한 D 플립플롭

표 12-10 그림 12-14의 실험 결과

클 럭	데 이 터	출 력	
CP	D	Q	$\overline{Q}$
0	0		
1↑	0		
0	1		
1↑	1		

♥ NOTE ♥

⌘ 실험 12. 실험 결과 보고서 ⌘

실험제목 :	일 자 :	실험조 :
학 번 :	성 명 :	

1. 실험 결과

1)

표 12-5 그림 12-9의 측정 결과

입력		출력		출력상태
S	R	Q	$\overline{Q}$	
1	0			
0	0			
0	1			
0	0			
1	1			

2)

표 12-6 그림 12-10의 측정 결과

입력		출력		출력상태
S	R	Q	$\overline{Q}$	
1	0			
1	1			
0	1			
1	1			
0	0			

3)

표 12-7 동기식 RS 플립플롭 실험 결과

입 력			출 력	
Clock	R	S	Q	$\overline{Q}$
0	0	1		
0	0	0		
0	1	0		
0	0	0		
0	1	1		
1↑	0	1		
1↑	0	0		
1↑	1	0		
1↑	0	0		
1↑	1	1		

4)

표 12-8 그림 12-12의 실험 결과

입 력	출 력	
D	Q	$\overline{Q}$
0		
1		

5)

표 12-9 그림 12-13의 실험 결과

클 럭	데 이 터	출 력	
CP	D	Q	$\overline{Q}$
0	0		
1↑	0		
0	1		
1↑	1		

6)

표 12-10 그림 12-14의 실험 결과

클 력	데 이 터	출 력	
CP	D	Q	$\overline{Q}$
0	0		
1↑	0		
0	1		
1↑	1		

2. 실험 결과 고찰

(1) 조합논리회로와 순차논리회로의 차이점에 대하여 설명하시오.

(2) 플립플롭에 대하여 설명하시오.

(3) 래치(Latch)와 플립플롭(Flip Flop)의 차이를 간단히 설명하시오.

(4) RS 플립플롭의 진리표를 작성하시오.

(5) 비동기식 RS 래치 실험과 동기식 RS 플립플롭 실험의 차이점을 작성하시오.

(6) 전용 D 플립플롭 IC인 74LS74에서 프리셋 PR 및 클리어 CLR 단자의 역할에 대하여 설명하시오.

실험 13 | JK-플립플롭과 T-플립플롭 (JK-Flip Flop and T-Flip Flop)

실험 목적

JK 및 T 플립플롭의 원리 및 동작을 이해하고, 그 응용력을 실험을 통해 향상시킨 다.

이 론

디지털 동기시스템에서는 클럭 펄스에 의해 출력상태가 변화하는 플립플롭을 많이 사용하고 있다. D 및 JK 플립플롭은 널리 사용되고 있으며, 플립플롭을 이용한 모든 응용회로는 D 또는 JK 플립플롭에 의해 이루어진다. RS 플립플롭은 실제로는 거의 사용되지 않고 단지 집적회로의 내부구성 요소로만 사용될 뿐이나, D 및 JK 플립플롭은 RS 플립플롭으로부터 유도된다.

1. JK 플립플롭(Flip Flop)

JK 플립플롭은 RS 플립플롭의 단점을 개량한 것으로서, RS 플립플롭에서 R=1, S=1인 경우 출력이 부정(undefined) 상태가 되어 사용되지 않는 것을 JK 플립플롭에서는 출력이 반전되도록 만든 것이다.

입력 J와 K는 플립플롭을 각각 세트하고 클리어하기 위하여 입력 S와 R처럼 동작한다. J라 표시된 입력은 세트하기 위한 것이고, K라 표시된 입력은 리셋하기 위한 것이다. 입력 J와 K가 모두 1이 된다면 플립플롭은 그의 반대상태(보수의 상태)로 바뀐다. 즉, 현재 상태가 Q(t)=1이라면 Q(t+1)=0으로 바뀌며, 그 역도 성립한다. 2개의 교차된 쌍 NOR 게이트와 2개의 AND 게이트로 구성된 JK 플립플롭을 그림 13-1에 나타내었다.

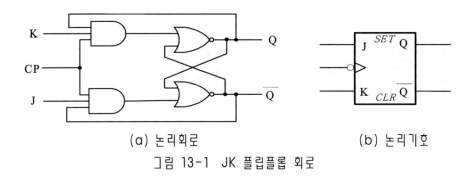

(a) 논리회로   (b) 논리기호

그림 13-1 JK 플립플롭 회로

그림 13-1에서 CP=0이거나 J=K=0일 때는 RS 플립플롭에서와 같이 $Q_{n+1}=Q_n$이 된다. 또, CP=1이고 J=1, K=0일 때는 $Q_{n+1}=1$이고, J=0, K=1일 때는 $Q_{n+1}=0$ 이다. 여기서 Q_{n+1}은 입력 J, K의 값이 주어진 상태에서 CP가 가해졌을 때 Q의 변화 값이다. Q_n은 CP 가 가해지기 전의 Q의 값이다.

이 플립플롭의 특징적인 동작은 CP=1, J=K=1일 때 Q, $\overline{Q}$ 의 상태가 입력으로 궤환하여 동작이 반복되므로 1개의 CP에 의하여 한 번 반전되고 정지하도록 하기 위해서는 NAND 회로 1 단의 지연 시간의 3배 정도의 CP가 필요하다.

이 회로도 CP의 "H" 시간이 길면 오동작을 할 위험성이 있다. JK 플립플롭의 진리표는 표 13-1에 나타내었다.

표 13-1 JK 플립플롭 진리표

입 력		출 력	출력 상태
J	K	Q_{n+1}	
0	0	Q	No-change
0	1	0	Reset
1	0	1	Set
1	1	$\overline{Qn}$	Toggle

2. Master-Slave JK 플립플롭(Flip-Flop)

Master-Slave JK 플립플롭은 그림 13-2와 같이 Master 플립플롭과 Slave 플립플롭으로 구성되어 있고 마스터(master)쪽에는 CP, 슬레브(slave)쪽에는 $\overline{CP}$가 가해지고 있다.

Master Slave JK 플립플롭은 가장 널리 쓰이는 F-F이다. 그림 13-3(a)는 그 구성의 개념을 보이기 위한 것이다. 正에지-트리거 JK F-F 다음에 負에지-트리거 JK F-F을 종속 연결하고, 클럭은 양자에 공통으로 사용한다. 처음 F-F을 Master F-F, 다음의 것을 Slave F-F라고 부른다.

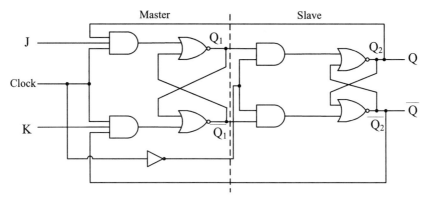

그림 13-2 Master-slave JK 플립플롭 회로

그림 13-3(b)에서 보면, 먼저 입력 클럭 펄스의 正에지에서 마스터 F-F의 출력 Q, $\overline{Q}'$ 그리고 슬레이브 F-F의 J, K 입력이 결정되고, 다음에 같은 펄스의 負에지에서 슬레이브 F-F의 출력이 발생된다. 즉, 클럭 펄스의 폭만큼 늦게 출력이 나온다.

보통의 JK F-F에서는 클럭 펄스의 상승 시간이 늦다든지 또는 상승, 하강이 너무 뾰족한 경우 오동작을 하기 쉬운데 Master-Slave JK F-F에서는 이런 일이 없고 사용하기에 매우 편하다. 그림 13-3(c)는 Master-Slave JK F-F의 진리치표이고, 그림 13-3(d)는 타이밍도의 한 예이다.

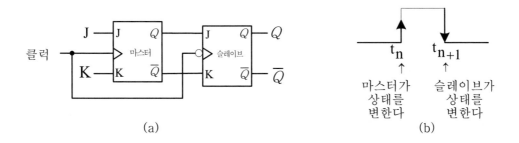

(a)

t_n ↑ 마스터가 상태를 변한다

t_{n+1} ↑ 슬레이브가 상태를 변한다

(b)

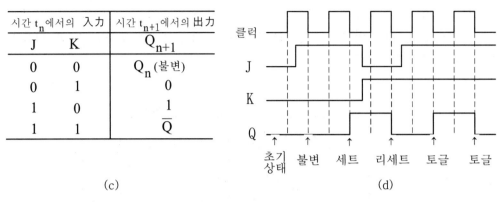

시간 t_n에서의 入力		시간 t_{n+1}에서의 出力
J	K	Q_{n+1}
0	0	Q_n (불변)
0	1	0
1	0	1
1	1	$\overline{Q}$

(c)

(d)

그림 13-3 Master-Slave JK F-F

Master-Slave JK F-F의 동작 상태를 표로 나타내면 표 13-2와 같다.

표 13-2 Master-Slave JK F-F 진리표

입 력			출력
Cp	J	K	Q_{n+1}
↓	0	0	Q
↓	0	1	0
↓	1	0	1
↓	1	1	$\overline{Q_n}$

이 플립플롭의 특징은 금지 입력이 없고, 펄스 폭에 따른 Racing 문제가 없으며 펄스 상승 시간 여하에 따른 오동작도 없는 안정된 동작을 한다.

3. T 플립플롭(Flip-Flop)

T(Toggle) 플립플롭은 클럭이 들어올 때마다 상태가 바뀌어지는 회로이다. T 플립플롭의 기호와 타이밍도는 그림 13-4에 있고, 그림 13-5에 D 또는 JK F-F으로부터 T F-F을 얻는 방법이 나타나 있다. 또한 T F-F의 진리표는 표 13-3과 같다. T는 Trigger의 첫 글자를 따서 만든 것이고, JK Flip-Flop의 두 입력을 연결해서 하나의 입력 T로 만들면 T Flip-Flop 회로가 된다.

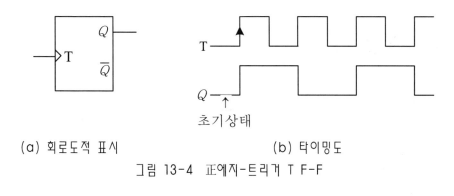

(a) 회로도적 표시 　　　　　　(b) 타이밍도

그림 13-4　正에지-트리거 T F-F

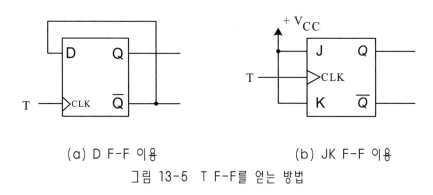

(a) D F-F 이용 　　　　　　(b) JK F-F 이용

그림 13-5　T F-F를 얻는 방법

표 13-3　T 플립플롭 진리표

입　력	출력	출력상태
T	Q_{n+1}	
0	Q	No-change
↑	$\overline{Q_n}$	Toggle

여기서 Q_{n+1}은 T의 상태에 CLK(↑)이 가해진 후의 Q의 값이다. Q_n은 CLK(↑)이 가해지기 이전의 Q의 값이다.

표 13-3에서 입력 T가 어떤 상태이든 간에 CLK(CP)이 없으면, 출력 Q는 변하지 않고 그 상태(Q_n)를 그대로 유지한다. 또, 입력 T가 "0"인 상태에서 CLK(CP) "↑"가 가해져도 출력 상태는 전 상태(Q_n)를 그대로 유지한다. 그러나, 입력 T가 "1"인 상태에서 CLK(CP) "↑"가 가해지면 출력은 전 상태의 값이 반전된 $\overline{Q_n}$(Toggle)가 된다.

사용기기 및 부품

- 논리실험장치(Digital Logic Lab. Unit)
- DC power supply
- Oscilloscope
- 74LS00(2 - 입력 NAND 게이트)
- 74LS02(2 - 입력 NOR 게이트)
- 74LS04(NOT 게이트)
- 74LS08(2 - 입력 AND 게이트)
- 74LS10(2 - 입력 NAND 게이트)
- 74LS32(2 - 입력 OR 게이트)
- 7473(JK 플립플롭)
- 7476(JK 플립플롭)
- LED

 실험과정

1. 그림 13-6과 같은 JK 플립플롭 회로를 구성하고, 클럭 펄스 CP에 단일 펄스 발생기를 연결하여 클럭 펄스를 인가할 때, 입력 J, K 및 클럭 CP의 변화에 따른 출력 Q와 $\overline{Q}$를 측정하여 표 13-4를 완성하시오.

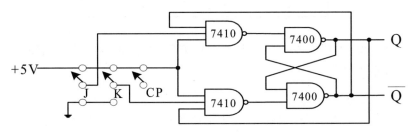

그림 13-6 NAND 게이트를 이용한 JK Flip-Flop회로

표 13-4 그림 13-6의 실험 결과

입 력			출 력		출력 상태
CP	J	K	Q	$\overline{Q}$	
0	0	1			
↑1	0	0			
↑2	1	0			
↑3	0	0			
↑4	0	1			
↑5	0	0			
↑6	1	1			
↑7	1	1			

2. 그림 13-7과 같은 IC JK 플립플롭 회로를 구성하고, 입력 상태에 따른 출력 Q와 $\overline{Q}$를 측정하여 표 13-5를 완성하여라. 입력 CP에는 클럭 펄스를 인가한다.

단, 클럭 펄스를 인가하기 전에 CLR은 접지 후 +Vcc에 접속하고, PR은 +Vcc에 접속한다.

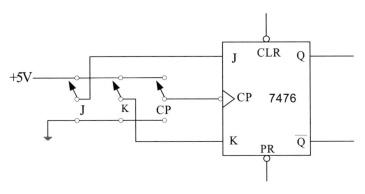

그림 13-7 IC 7476 JK Flip-Flop 회로

표 13-5 그림 13-6의 측정 결과

입력			출력		출력 상태
CP	J	K	Q	$\overline{Q}$	
0	0	1			
↑1	0	0			
↑2	1	0			
↑3	0	0			
↑4	0	1			
↑5	0	0			
↑6	1	1			
↑7	1	1			

3. JK 플립플롭 IC 7473을 사용하여 마스터 - 슬레이브 JK 플립플롭을 그림 13-8과 같이 구성하고, 각각의 입력값에 따른 출력값을 표 13-6에 기입하고, 출력파형을 그림 13-9에 그리시오.

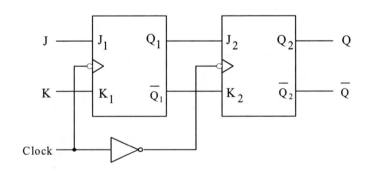

그림 13-8 마스터-슬레이브 JK 플립플롭

표 13-6 그림 13-8의 측정 결과

마스터 - 슬레이브 JK 플립플롭				
입 력		클 럭	출 력	
J	K	CLK	Q	$\overline{Q}$
1	0	0		
1	0	1↑		
1	1	2↑		
1	1	3↑		
0	1	4↑		
0	1	5↑		
0	0	6↑		
1	1	7↑		

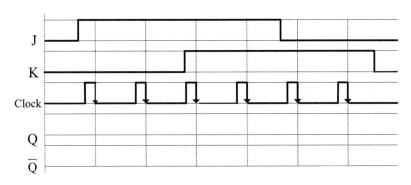

그림 13-9 마스터-슬레이브 JK 플립플롭 출력파형

4. 그림 13-10과 같이 NOR 게이트를 이용한 T 플립플롭 회로를 구성하고, 입력 T와 CP의 변화에 따른 출력 Q와 $\overline{Q}$를 측정하여 표 13-7에 기록하시오.

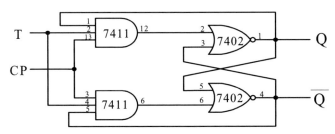

그림 13-10 NOR 게이트를 이용한 T 플립플롭 회로

표 13-7 그림 13-10의 측정 결과

입 력		출 력		출력상태
CP	T	Q	$\overline{Q}$	
↑	1			
↑	1			
↑	1			
↑	1			
↑	1			
↑	1			
↑	1			
↑	0			
↑	0			
↑	1			.

5. 그림 13-11과 같이 IC 74LS76(Dual JK F F)을 이용하여 T 플립플롭 회로를 구성하고, 입력 T와 CP의 변화에 따른 출력 Q와 $\overline{Q}$를 측정하여 표 13-8에 기록하시오. 단, 클럭 펄스를 인가하기 전에 CLR은 접지 후 +Vcc에 접속하고, PR은 +Vcc에 접속한다.

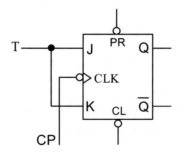

그림 13-11 T 플립플롭 회로

표 13-8 T Flip Flop 실험 결과

입 력		출력		출력상태
T	CLK	Q	$\overline{Q}$	
×	0			
0	↑			
1	↑			

※ × : don't care

♥ NOTE ♥

✿ 실험 13. 실험 결과 보고서 ✿

실험제목 :		일 자 :	실험조 :
학　　번 :		성 명 :	

1. 실험 결과

1)

표 13-4　그림 13-6의 실험 결과

입 력			출 력		출력 상태
CP	J	K	Q	$\overline{Q}$	
0	0	1			
1↑	0	0			
2↑	1	0			
3↑	0	0			
4↑	0	1			
5↑	0	0			
6↑	1	1			
7↑	1	1			

2)

표 13-5 그림 13-6의 측정 결과

입 력			출 력		출력 상태
CP	J	K	Q	$\overline{Q}$	
0	0	1			
1↑	0	0			
2↑	1	0			
3↑	0	0			
4↑	0	1			
5↑	0	0			
6↑	1	1			
7↑	1	1			

3)

표 13-6 그림 13-8의 측정 결과

마스터 - 슬레이브 JK 플립플롭				
입 력		클 럭	출 력	
J	K	CLK	Q	$\overline{Q}$
1	0	0		
1	0	1↑		
1	1	2↑		
1	1	3↑		
0	1	4↑		
0	1	5↑		
0	0	6↑		
1	1	7↑		

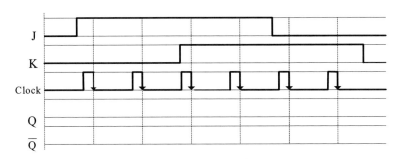

그림 13-12 마스터-슬레이브 JK 플립플롭 출력파형

4)

표 13-7 그림 13-10의 측정 결과

입력		출력		출력상태
CP	T	Q	Q̄	
↑	1			
↑	1			
↑	1			
↑	1			
↑	1			
↑	1			
↑	1			
↑	0			
↑	0			
↑	1			

5)

표 13-8 T Flip Flop 실험 결과

입력		출력		출력상태
T	CLK	Q	Q̄	
×	0			
0	↑			
1	↑			

※ × : don't care

2. 실험 결과 고찰

(1) JK 플립플롭과 RS 플립플롭의 차이점을 설명하시오.

(2) 마스터 – 슬레이브 JK 플립플롭에 대하여 설명하시오.

(3) JK 플립플롭을 이용하여 D 플립플롭 회로를 구성하시오.

(4) JK 플립플롭을 이용하여 T 플립플롭 회로를 구성하시오.

(5) T 플립플롭에 대하여 설명하시오.

실험 14 | 시프트 레지스터 (Shift Register)

 실험 목적

1. 시프트 레지스터의 기본 원리를 이해하고, 플립플롭과 시프트 레지스터와의 차이점을 알아본다.
2. 각종 Shift Register의 구조와 동작원리, 응용 능력을 향상시킨다.
3. 시프트 레지스터를 이용한 카운터의 동작을 익힌다.

이 론

일시적으로 데이터를 보관하는 장소를 레지스터(register)라 하며, 플립플롭을 이용하여 이러한 기능을 수행한다. 1 비트의 2진 데이터를 보관하기 위해서는 1개의 플립플롭이 필요하므로, 필요한 비트 수만큼의 플립플롭을 접속하여 레지스터를 구성할 수 있다. 내부에 저장된 2진 데이터를 좌측 또는 우측으로 이동하여 정보를 가공하는 것을 시프트 레지스터(shift register)라 한다. 시프트 레지스터는 기본 기억소자인 D 및 JK 플립플롭으로 구성되며, 디지털 시스템 내의 데이터를 임시로 저장하는데 사용되거나, 디지털 시스템의 응용회로에 매우 중요하게 사용된다. 표 14-1은 시프트 레지스터의 동작별 종류를 보여준다.

표 14-1 시프트 레지스터의 종류

종 류	입 력	출 력	설 명
SISO	Serial	Serial	직렬 입력 – 직렬 출력
SIPO	Serial	Parallel	직렬 입력 – 병렬 출력
PISO	Parallel	Serial	병렬 입력 – 직렬 출력
PIPO	Parallel	Parallel	병렬 출력 – 병렬 출력

시프트 레지스터의 시프트 기능은 클럭 펄스가 인가될 때 시프트 레지스터의 한 플립플롭에서 다른 플립플롭으로 또는 시프트 레지스터의 내부와 외부로 데이터를 시프트시키는 것이다.

1. 직렬 입력-직렬 출력 시프트 레지스터

직렬 입력-직렬 출력 시프트 레지스터(SISO shift register)는 한 번에 한 비트씩 데이터를 직렬로 입력하여 저장하고, 데이터를 출력할 때도 한 번에 한 비트씩 직렬로 출력한다.

그림 14-1은 D 플립플롭으로 구성된 4비트 직렬 입력-직렬 출력 시프트 레지스터이다. 이 시프트 레지스터는 4개의 플립플롭으로 구성되어 있으므로 4비트의 데이터를 저장할 수 있다. 즉, 저장 용량이 4비트이다. 이 시프트 레지스터는 클럭 펄스가 인가될 때마다 1 비트씩 좌측에서 우측으로 이동시키는 레지스터이다. 직렬입력 - 직렬출력 시프트 레지스터를 대표하는 전용 IC는 74LS91이며, 8비트 우 이동 레지스터이다.

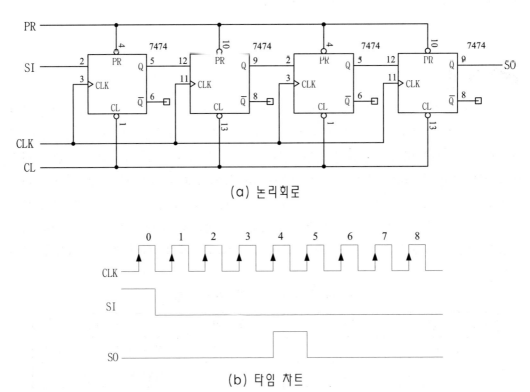

(a) 논리회로

(b) 타임 차트

그림 14-1 4비트 직렬입력-직렬출력 시프트 레지스터

또한 레지스터 A에서 레지스터 B로의 정보 직렬전송은 그림 14-2(a)의 블록도에 나타
낸 것처럼 레지스터 A의 직렬출력(SO)을 레지스터 B의 직렬입력(SI) 단자에 연결함으로
써 실현할 수 있다.

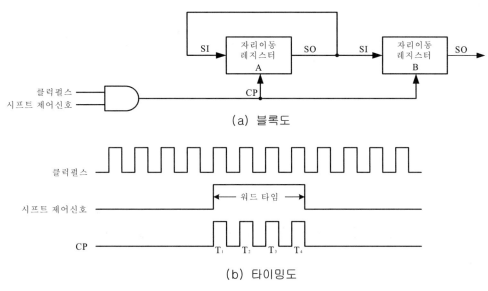

(a) 블록도

(b) 타이밍도

그림 14-2 레지스터 A에서 레지스터 B로 직렬전송

자리이동 레지스터가 모두 4비트(bit)로 되어 있다고 가정하자. 전송을 관리하는 제어장
치는 자리이동 제어신호로서 펄스가 4회 발생하는 동안 자리이동 레지스터를 인에이블시
키도록 설계하여야 한다. 이것은 그림 14-2(b)의 타이밍도에 잘 설명되어 있다.

2. 직렬입력-병렬출력 시프트 레지스터

직렬입력-병렬출력 시프트 레지스터(SIPO shift register)는 데이터를 입력할 때 한 비
트씩 시프트 레지스터 내로 입력하고, 데이터를 출력할 때는 각각의 D 플립플롭에서 동
시에 모든 비트를 출력한다.

직렬입력-병렬출력 시프트 레지스터는 데이터를 직렬로 입력하는 대신 모든 데이터비트
를 동시에 끌어냄으로써 병렬 출력이 된다. 이 방식을 디지털 컴퓨터에서 직렬-병렬 변
환기 등으로 널리 사용되고 있다.

그림 14-3에서 직렬입력-병렬출력 시프트 레지스터의 동작 원리는 직렬입력-직렬출력
시프트 레지스터와 동일하나, 각각의 플립플롭 출력 단자(D_0, D_1, D_2, D_3)에서 각 비트의
정보를 출력하여 출력의 병렬화를 꾀하였다. 직렬입력-병렬출력 시프트 레지스터를 대표

하는 전용 IC는 74LS164이며, 8비트 우 이동 레지스터이다.

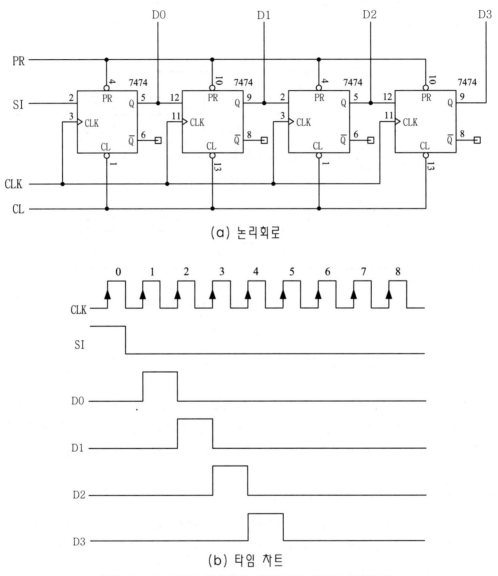

(a) 논리회로

(b) 타임 차트

그림 14-3 4비트 직렬입력-병렬출력 시프트 레지스터

3. 병렬입력-직렬출력 시프트 레지스터

이 방식은 모든 입력 데이터 비트를 병렬 형식으로 동시에 입력한다. 일단 여러 개의 비트 데이터가 동시에 저장되면 그것을 직렬로 출력하게 된다. 따라서 이 시프트 레지스터는 디지털 컴퓨터에서 병렬-직렬 변환기 등으로 널리 이용되고 있다. 그림 14-4는 전

형적인 4비트 병렬입력-직렬출력 시프트 레지스터로서 4개의 D형 플립플롭이 공통 클럭
입력에 의해 접속되어 있다.

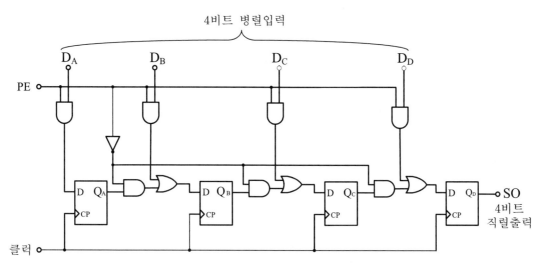

4비트 병렬입력

그림 14-4 4비트 병렬입력-직렬출력 시프트 레지스터

　그림 14-4는 4비트 병렬입력-직렬출력 시프트 레지스터를 보여준다. PE 단자가
"HIGH"일 때 병렬 데이터가 기록되고, "LOW"로 바뀌면 기록된 데이터가 출력 단자를
통하여 직렬로 출력된다. D_A, D_B, D_C, D_D의 4개 입력에 가해진 데이터는 클럭 펄스가
가해지고, 또 이들 데이터 입력에 접속된 AND 게이트를 인에이블하는 병렬 인에이블(PE)
입력이 로직 1이 될 때 각 해당 플립플롭에 저장된다. 출력 데이터를 직렬로 끌어내려면
PE 입력을 먼저 로직 0으로 하여 병렬입력 AND 게이트를 디스에이블하는 동시에 플립플
롭 A,B,C의 출력에 접속된 AND 게이트를 인에이블시켜야 한다. 다음에 3개의 클럭 펄스
가 가해지면 나머지 3비트를 레지스터 A를 통해 이동시킨다.

　그림 14-5의 타이밍도에서는 4비트 2진수 1001을 병렬로 입력시키고 직렬로 끌어내는
경우의 동작을 보이고 있다.

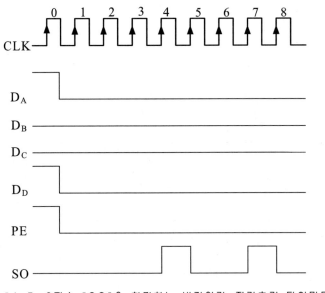

그림 14-5 2진수 1001을 처리하는 병렬입력-직렬출력 타이밍도

사용기기 및 부품

- 논리실험장치(Digital Logic Lab. Unit)
- 오실로스코프(CRO)
- 단일펄스 발생기(5[μs], +5[V])
- DC Power Supply
- Oscilloscope
- 74LS04 (NOT 게이트)
- 7474(dual D flip-flop)
- 7476(dual JK flip-flop)
- 74LS86(Exclusive-OR게이트)
- 74164(8비트 Shift Register)
- 74194(4비트 양방향 Shift Register PIPO)
- LED
- 저항 330[Ω] 4개

실험과정

1. JK 플립플롭을 이용한 4비트 우측 시프트 레지스터

(1) 그림 14-6과 같이 JK 플립플롭을 이용한 4비트 우측 시프트 레지스터의 실험회로를 결선하고 다음 순서에 따라 실험하여라.

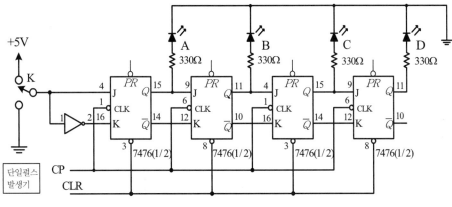

그림 14-6 JK 플립플롭을 이용한 4비트 우측 시프트 레지스터

(2) CLR 단자를 순간적으로 접지시킨 후 +5[V] 전원에 연결 또는 개방시켜 플립플롭의 출력 A ~ D가 모두 로직 0이 되는지 확인하여라.

(3) 클리어된 상태에서 A와 C 플립플롭의 PR 단자를 순간적으로 접지시킨 후 +5[V] 전원에 연결 또는 개방시켜 출력 A와 C만을 프리셋시킨다.

(4) 단일펄스 발생기와 스위치 입력 K를 작동시켜 표 14-2를 완성하여라.

표 14-2 그림 14-6의 실험 결과

클럭	입력	LED 동작상태			
CP	K	A	B	C	D
0	1	1	0	1	0
1↑	1				
2↑	1				
3↑	1				
4↑	1				
5↑	0				
6↑	0				
7↑	0				
8↑	0				

2. JK 플립플롭을 이용한 4비트 좌측 시프트 레지스터

(1) 그림 14 7과 같이 JK 플립플롭을 이용한 4비트 좌측 시프트 레지스터의 실험회로를 결선하고 다음 순서에 따라 실험하여라.

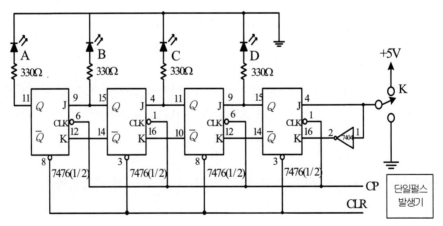

그림 14-7 JK 플립플롭을 이용한 4비트 좌측 시프트 레지스터

(2) CLR 단자를 순간적으로 접지시킨 후 +5[V] 전원에 연결 또는 개방시켜 플립플롭의 출력 A ~ D가 모두 로직 0이 되는지 확인하여라.

(3) 클리어된 상태에서 B와 D 플립플롭의 PR 단자를 순간적으로 접지시킨 후 +5[V] 전원에 연결 또는 개방시켜 출력 B와 D만을 프리셋시킨다.

(4) 단일펄스 발생기와 스위치 입력 K를 작동시켜 표 14-3을 완성하여라.

표 14-3 그림 14-7의 실험 결과

LED 동작상태				데이터	클럭
A	B	C	D	K	CP
0	1	0	1	1	0
				1	1↑
				1	2↑
				1	3↑
				1	4↑
				0	5↑
				0	6↑
				0	7↑
				0	8↑

3. IC 74164 시프트 레지스터

(1) 전용 IC 74LS164는 8비트 우 이동 직렬입력 – 병렬출력 시프트 레지스터 IC이다. 그림 14-8과 같이 IC 74164 시프트 레지스터 회로를 결선하고 다음 순서에 따라 실험하여라.

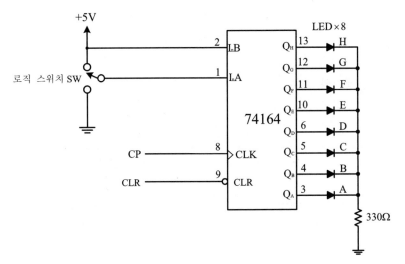

그림 14-8 IC 74164 시프트 레지스터

(2) CLR 단자를 순간적으로 접지시킨 후 +5[V] 전원에 연결 또는 개방시켜 레지스터
내용이 클리어되었는지 확인하시오.

(3) 1번 핀의 로직 스위치 SW를 세트시켜 레지스터의 직렬 입력 데이터를 로직 1로 한
후 CP를 인가시켜 표 14-4를 완성하여라.

표 14-4 그림 14-8의 LED 동작상태

클럭	출 력							
CP	A	B	C	D	E	F	G	H
0	0	0	0	0	0	0	0	0
1↑								
2↑								
3↑								
4↑								
5↑								
6↑								
7↑								
8↑								

(3) LED 출력 A = B = C = D = E = F = G = H = 1로 된 후, 1번 핀의 로직 스위치 SW를 클리어시켜 레지스터의 직렬 데이터를 로직 0으로 한 후 CP를 인가시켜 표 14-5를 완성하여라.

표 14-5 그림 14-8의 LED 동작상태

CP	A	B	C	D	E	F	G	H
0	1	1	1	1	1	1	1	1
1↑								
2↑								
3↑								
4↑								
5↑								
6↑								
7↑								
8↑								

♥ NOTE ♥

⌘ 실험 14. 실험 결과 보고서 ⌘

실험제목 :	일 자 :	실험조 :
학 번 :	성 명 :	

1. 실험 결과

1)

표 14-2 그림 14-6의 실험 결과

클럭	입력	LED 동작상태			
CP	K	A	B	C	D
0	1	1	0	1	0
1↑	1				
2↑	1				
3↑	1				
4↑	1				
5↑	0				
6↑	0				
7↑	0				
8↑	0				

2)

표 14-3 그림 14-7의 실험 결과

LED 동작상태				데이터	클럭
A	B	C	D	K	CP
0	1	0	1	1	0
				1	1↑
				1	2↑
				1	3↑
				1	4↑
				0	5↑
				0	6↑
				0	7↑
				0	8↑

3)

표 14-4 그림 14-8의 LED 동작상태

클럭	출 력							
CP	A	B	C	D	E	F	G	H
0	0	0	0	0	0	0	0	0
1↑								
2↑								
3↑								
4↑								
5↑								
6↑								
7↑								
8↑								

4)

표 14-5 그림 14-8의 LED 동작상태

CP	A	B	C	D	E	F	G	H
0	1	1	1	1	1	1	1	1
1↑								
2↑								
3↑								
4↑								
5↑								
6↑								
7↑								
8↑								

2. 실험 결과 고찰

(1) 시프트 레지스터의 기능 및 구성 방법에 대하여 설명하시오.

(2) 시프트 레지스터의 종류를 쓰고, 간단히 설명하시오.

(3) 4비트 병렬입력 – 직렬출력 시프트 레지스터에서 왜 외부에 AND와 OR 게이트를 조합하였는가를 설명하시오.

(4) 74LS76 JK 플립플롭 IC의 PR 단자와 CLR 단자의 기능과 역할을 설명하시오.

♥ NOTE ♥

실험 15 | 비동기식 카운터
(Asynchronous Counter)

 실험 목적

1. 비동기식 카운터의 구조와 동작원리를 이해한다.
2. 비동기식 카운터를 통하여 플립플롭의 응용방법을 익힌다.
3. 플립플롭의 동작원리와 업/다운 카운터의 차이점을 이해한다.
4. 플립플롭의 응용능력과 카운터의 응용능력을 키운다.

이 론

카운터(counter) 즉, 계수회로는 수를 세는 회로로서 디지털 회로와 컴퓨터의 중요한 부분이다. 1개의 플립플롭은 1비트의 정보를 셀 수 있으므로, n 개의 플립플롭은 2^n 개의 비트 수를 셀 수 있으므로 2^n 진수를 계수할 수 있다.

카운터는 플립플롭들이 트리거되는 방식에 따라 동기 카운터와 비동기 카운터로 나눌 수 있고, 동작 특성에 따라 업(up) 카운터, 다운(down) 카운터, MOD-N 카운터 등으로 분류할 수 있다.

비동기 카운터는 모든 플립플롭들이 클럭 펄스에 의해 트리거되지 않고 단지 첫번째 플립플롭만이 클럭 펄스에 의해 트리거되고, 나머지 플립플롭들은 앞단의 출력에 의해서 트리거된다. 그러므로 각각의 플립플롭 사이의 동작에서는 시간 지연이 발생하므로 동작 속도는 느리나 구조가 간단하며, 이러한 형태의 카운터를 리플 카운터 또는 직렬 카운터라고 한다.

동기식 카운터에서는 모든 플립플롭의 모든 CP 입력단자에 클럭 펄스가 동시에 입력되고, 각 플립플롭은 클럭 펄스에 의해 동시에 트리거된다. 따라서 비동기 카운터와 달리 플립플롭의 시간 지연이 누적되지 않는다. 그러므로 동기 카운터는 같은 수의 플립플롭을 갖는 비동기 카운터보다 더 높은 주파수를 사용하는 곳에 이용할 수 있는 반면에, 비동기 카운터보다 더 많은 회로소자가 필요하다.

1. 비동기식 업 커운터(Asynchronous Up Counter)

비동기식이란 구성된 플립플롭의 클럭 입력 단자에 동시에 클럭이 입력되지 않음을 말한다. 비동기식 카운터는 보수로 만드는 기능이 있는 플립플롭들(T 또는 JK 형태)이 직렬 연결, 즉 각 플립플롭의 출력이 바로 다음의 플립플롭의 입력단자에 연결되어 구성되어 있다. 가장 낮은 자리의 비트를 저장한 플립플롭에만 클럭 펄스가 연결되어 있다. JK 플립플롭(IC 74LS76)으로 구성된 4비트 비동기식 업 카운터(asynchronous up-counter)를 그림 15-1에 나타내었다.

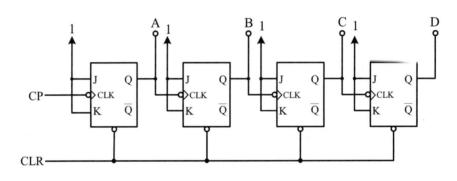

그림 15-1 비동기식 업 카운터

모든 J와 K의 입력단자에는 모두 1이 입력된다. CP 입력단자들에 표시된 작은 원은 하강모서리 전이, 즉 CP 입력단자에 입력되는 출력값이 1에서 0으로 변할 때 플립플롭의 상태값이 보수가 된다는 것을 표시한다. 비동기식 업 카운터의 작동을 이해하기위해 표 15-1에 주어진 카운터 순차를 살펴보자. 분명히 가장 낮은 자리의 비트 A는 매 클럭 펄스마다 보수가 되어야 한다. A의 값이 1에서 0으로 변할 때마다 B의 값이 보수가 될 것이다. 또 B의 값이 1에서 0으로 변할 때마다 C의 값은 보수가 될 것이다. D도 마찬가지이다.

표 15-1 4비트 비동기식 업 카운터 진리표

입력	출 력				10진수	16진수
클럭수	D	C	B	A		
0	0	0	0	0	0	0
1↑	0	0	0	1	1	1
2↑	0	0	1	0	2	2
3↑	0	0	1	1	3	3
4↑	0	1	0	0	4	4
5↑	0	1	0	1	5	5
6↑	0	1	1	0	6	6
7↑	0	1	1	1	7	7
8↑	1	0	0	0	8	8
9↑	1	0	0	1	9	9
10↑	1	0	1	0	10	A
11↑	1	0	1	1	11	B
12↑	1	1	0	0	12	C
13↑	1	1	0	1	13	D
14↑	1	1	1	0	14	E
15↑	1	1	1	1	15	F
16↑	0	0	0	0	0	0

그림 15-1의 비동기식 업 카운터 회로는 입력 펄스의 수를 세어 올라가는 것으로서, 그림 15-2에서는 이 회로의 출력 파형을 보이고 있다. 회로에서 알 수 있듯이 비동기식 업 카운터는 앞단의 출력 Q가 뒷단의 클럭 펄스 CP로서 사용된다. 또 출력파형에서 알 수 있듯이, 비동기식 업 카운터의 플립플롭들은 클럭 펄스가 1에서 0으로 바뀔 때 동작하고 있으며, 클럭 펄스가 들어오기 전에는 모든 플립플롭들은 0으로 클리어시켜 두어야 한다.

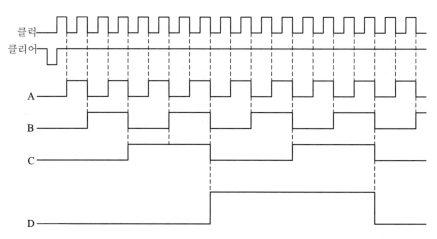

그림 15-2 4비트 비동기식 업 카운터 출력파형

2. 비동기식 다운 카운터(Asynchronous Down Counter)

비동기식 다운 카운터는 비동기식 업 카운터와 반대로 수를 1씩 내려가는 것이다. 즉, 역순으로 카운터되는 2진 카운터, 즉 1111에서 1110, 1101순으로 감소하는 카운터를 비동기식 다운 카운터(asychronous down-counter)라 한다. 다운 카운터에서 2진 계수는 매 클럭 펄스마다 1씩 감소한다. 4비트 다운 카운터 계수는 15의 2진수에서 출발해서 14, 13, 12, 11,···, 0으로 계속 계수되다가 15로 되돌아가서 다시 감소하며 계수된다. 그림 15-1의 회로에서 출력들을 플립플롭의 보수단자 $\overline{Q}$에서 빼낸다면 이 회로는 2진 다운 카운터로 쓸 수 있다. 이것을 그림 15-3에 나타내었다.

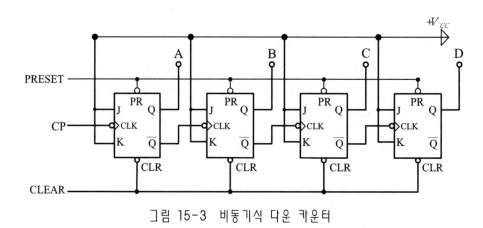

그림 15-3 비동기식 다운 카운터

그림 15-3에서 알 수 있듯이 CP 입력 단자들에 표시된 작은 원은 클럭 펄스의 하강모서리 전이로 작동하기 때문에, 각 플립플롭의 CP 입력단자를 바로 앞의 플립플롭 출력

$\overline{Q}$를 입력시키면 된다. 그렇게 되면 Q가 0에서 1로 변할 때 $\overline{Q}$는 1에서 0으로 변하게 되어 다음 플립플롭을 작동시킨다. 따라서 비동기식 다운 카운터로서 사용할 수 있는 것이다. 이것을 표 15-2에 나타내었다.

표 15-2 비동기식 다운 카운터 진리표

입 력	출 력				10진수	16진수
클럭 펄스	D	C	B	A		
0	1	1	1	1	15	F
1↑	1	1	1	0	14	E
2↑	1	1	0	1	13	D
3↑	1	1	0	0	12	C
4↑	1	0	1	1	11	B
5↑	1	0	1	0	10	A
6↑	1	0	0	1	9	9
7↑	1	0	0	0	8	8
8↑	0	1	1	1	7	7
9↑	0	1	1	0	6	6
10↑	0	1	0	1	5	5
11↑	0	1	0	0	4	4
12↑	0	0	1	1	3	3
13↑	0	0	1	0	2	2
14↑	0	0	0	1	1	1
15↑	0	0	0	0	0	0
16↑	1	1	1	1	15	F

　그림 15-3의 비동기식 다운 카운터 회로는 입력펄스의 수를 세어 내려가는 것으로서, 그림 15-4에 이 회로의 출력 파형을 보이고 있다.

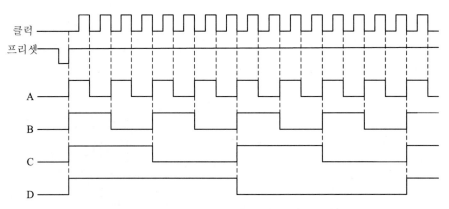

그림 15-4 비동기식 다운 카운터 출력파형

3. 비동기식 업/다운 카운터(Asynchronous Up/Down Counter)

비동기식 업/다운 카운터는 업 카운터와 다운 카운터를 결합한 것으로서, 선택 신호에 의해서 어느 한 가지로 선택하여 동작시킬 수 있다. 그림 15-5에서 비동기식 업/다운 카운터 회로는 AND, OR 게이트를 조합하여 카운터를 구성하게 된다. 여기서 업/다운 신호가 1이면 Q가 다음 단의 클럭 펄스 CP에 접속되고, 0이면 $\overline{Q}$이 다음 단의 클럭 펄스에 접속되므로 업/다운 카운터가 가능하다. 업 카운터일 경우에는 처음 CLR(clear)을 작동시킨 후에, 다운 카운터의 경우에는 PR(preset: 프리셋)을 작동시킨 후에 클럭 펄스에 의해 카운트하도록 해야 된다. 이 회로를 4비트 비동기식 업/다운 카운터라 한다.

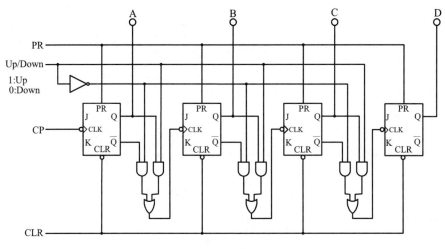

그림 15-5 비동기식 업/다운 카운터

사용기기 및 부품

- · 논리실험장치(Digital Logic Lab. Unit)
- · 오실로스코프(CRO)
- · 단일펄스 발생기(5[μs], +5[V])
- · DC Power Supply
- · Oscilloscope
- · 74LS00(NAND 게이트)
- · 74LS76(dual JK flip-flop)
- · 74LS293(4비트 2진 카운터)
- · LED
- · 저항 330[Ω] 4개

 ## 실험과정

1. 비동기식 업 카운터

(1) 그림 15-6의 비동기식 업 카운터 (asynchronous up counter) 실험회로를 결선하고, 다음 순서에 따라 실험하여라.

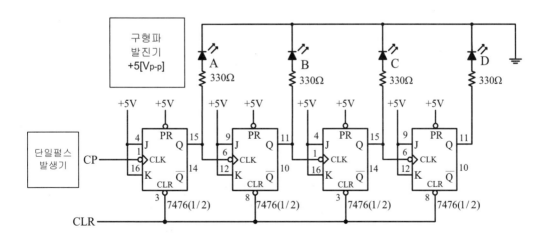

그림 15-6 비동기식 업 카운터 실험회로

(2) CLR 단자를 순간적으로 접지시킨 후 +5[V] 전원에 연결시키고, PR 단자는 +5[V]에 연결하라. 이때 출력 A, B, C, D가 모두 로직 0이 되었는지 확인하여라.

(3) 단일 펄스 발생기를 이용하여(즉, 클럭 펄스 CP 단자를 16번 인가하여) 표 15-3을 완성하라.

표 15-3 그림 15-6의 실험 결과

입력	출력				10진수	16진수
클럭 펄스	D	C	B	A		
0						
1↑						
2↑						
3↑						
4↑						
5↑						
6↑						
7↑						
8↑						
9↑						
10↑						
11↑						
12↑						
13↑						
14↑						
15↑						
16↑						

(4) 그림 15-6의 실험회로에서 단일펄스 발생기(즉, CP 단자)에 구형파 발진기 를 접속하고, 1[Hz]와 1[㎑]에 대하여 2현상 오실로스코프로 각 부분(CP, A, B, C, D)의 파형을 비교 관측하여 그림 15-7과 그림 15-8을 완성하여라.

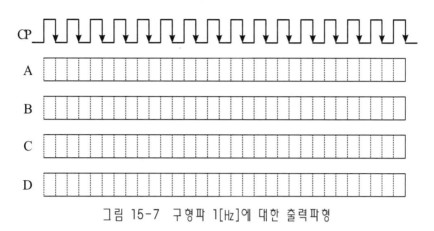

그림 15-7 구형파 1[Hz]에 대한 출력파형

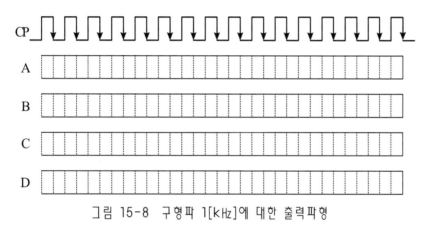

그림 15-8 구형파 1[kHz]에 대한 출력파형

2. 비동기식 다운 카운터

(1) 그림 15-9의 비동기식 다운 카운터 실험회로를 결선하고, 다음 순서에 따라서 실험
하여라.

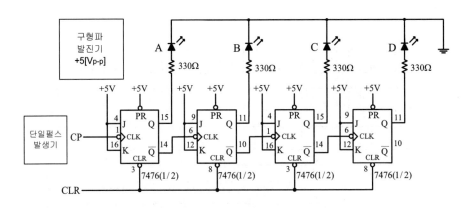

그림 15-9 비동기식 다운 카운터 실험 회로

(2) PR 단자를 순간적으로 접지시킨 후 +5[V] 전원에 연결시키고, CLR 단자는 +5[V]에 연결하라. 이제 출력 A, B, C, D가 모두 로직 1이 되었는지 확인하여라.

(3) 단일펄스 발생기를 이용하여(즉, 클럭 펄스 CP 단자를 16번 인가하여) 표 15-4를 완성하여라.

표 15-4 그림 15-9의 실험 결과

입 력	출 력				10진수	16진수
클럭 펄스	D	C	B	A		
0						
1↑						
2↑						
3↑						
4↑						
5↑						
6↑						
7↑						
8↑						
9↑						
10↑						
11↑						
12↑						
13↑						
14↑						
15↑						
16↑						

(4) 그림 15-9의 실험회로에서 단일펄스 발생기(즉, CP 단자)에 구형파 발진기를 접속
하고, 발진기의 출력을 5[VP-P]가 되게 한 후 1[Hz]와 1[㎑]에 대하여 2현상 오실로
스코프로 각 부분(CP, A, B, C, D)의 파형을 비교 관측하여 그림 15-10과 그림
15-11을 완성하여라.

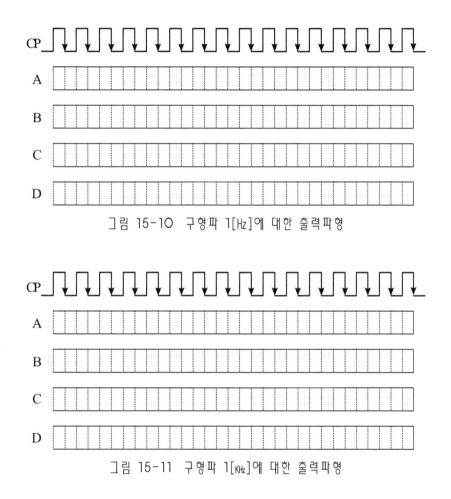

그림 15-10 구형파 1[Hz]에 대한 출력파형

그림 15-11 구형파 1[㎑]에 대한 출력파형

3. 비동기식 업/다운 카운터

(1) 그림 15-12의 비동기식 업/다운 카운터 실험회로를 결선하고, 다음 순서에 따라 실
험하여라.

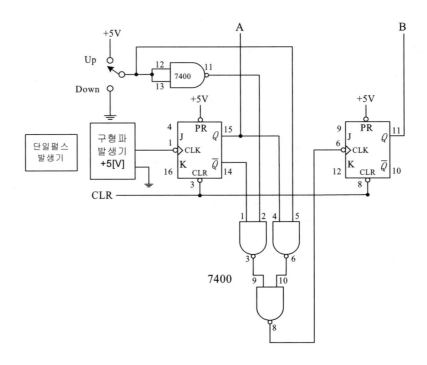

그림 15-12 비동기식 업/다운 카운터 회로

(2) CLR 단자를 순간적으로 접지시킨 후 +5[V] 전원에 연결시키고, PR 단자는 +5[V]
에 연결하라. 이제 출력 A, B가 모두 로직 0이 되었는지 확인하여라.

(3) 단일펄스 발생기를 이용하여(즉, 클럭 펄스 CP 단자를 인가하여) 표 15-5를 완성하
라.

표 15-5 그림 15-12의 실험 결과

클럭 펄스	업(UP) : +5[V]		다운(DOWN) : 0[V]	
	B	A	B	A
0				
1↑				
2↑				
3↑				
4↑				
5↑				

(3) 그림 15-12의 실험 회로에서 단일펄스 발생기(즉, CP 단자)에 구형파 발진기를 접속하고, 발진기의 출력을 5[VP-P]가 되게 한 후 1[Hz]와 1[㎑]에 대하여 2현상 오실로스코프로 각 부분(CP, A, B)의 파형을 비교 관측하여 그림 15-13과 그림 15-14를 완성하여라.

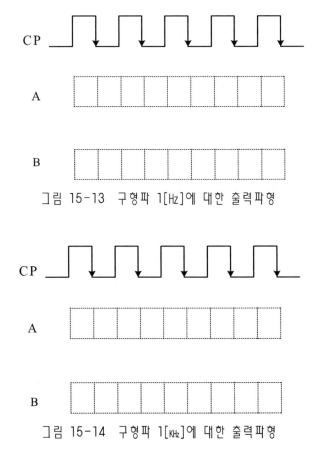

그림 15-13 구형파 1[Hz]에 대한 출력파형

그림 15-14 구형파 1[㎑]에 대한 출력파형

4. IC 74LS293 4비트 2진 카운터

(1) 그림 15-15에서 IC 74LS293을 이용한 MOD-16 카운터 회로를 구성하시오.

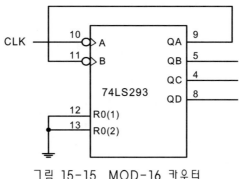

그림 15-15 MOD-16 카운터

(2) 그림 15-15에서 R0(1)과 R0(2)를 HIGH로 한 후 LOW로 하여 카운터를 클리어어하시오.

(3) 입력 A에 10㎑의 구형파를 인가할 때 출력 $Q_A \sim Q_D$의 출력 파형을 측정하여 그림 15-16에 작성하시오.

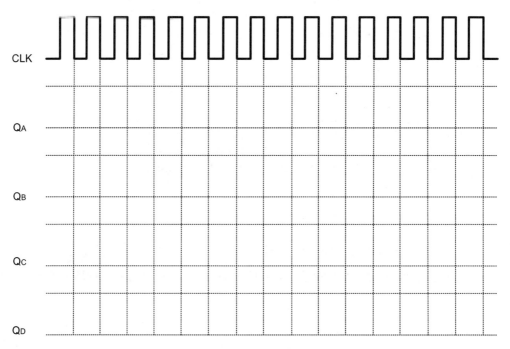

그림 15-16 MOD-16 카운터의 파형

✥ 실험 15. 실험 결과 보고서 ✥

실험제목 :	일 자 :	실험조 :
학 번 :	성 명 :	

1. 실험 결과

1)

표 15-3 그림 15-6의 실험 결과

입 력	출 력				10진수	16진수
클럭 펄스	D	C	B	A		
0						
1↑						
2↑						
3↑						
4↑						
5↑						
6↑						
7↑						
8↑						
9↑						
10↑						
11↑						
12↑						
13↑						
14↑						
15↑						
16↑						

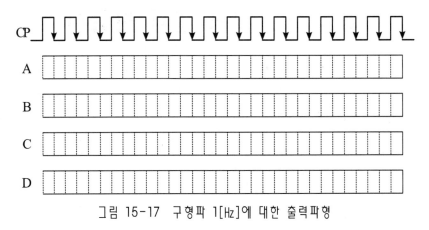

그림 15-17 구형파 1[Hz]에 대한 출력파형

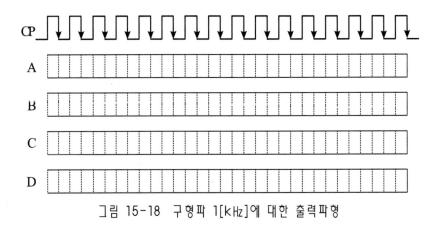

그림 15-18 구형파 1[kHz]에 대한 출력파형

2)

표 15-4 그림 15-9의 실험 결과

입 력	출 력				10진수	16진수
클럭 펄스	D	C	B	A		
0						
1 ↑						
2 ↑						
3 ↑						
4 ↑						
5 ↑						
6 ↑						
7 ↑						
8 ↑						
9 ↑						
10 ↑						
11 ↑						
12 ↑						
13 ↑						
14 ↑						
15 ↑						
16 ↑						

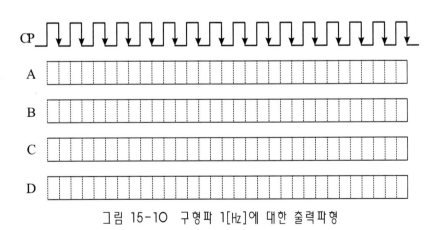

그림 15-10 구형파 1[Hz]에 대한 출력파형

그림 15-11 구형파 1[kHz]에 대한 출력파형

3)

표 15-5 그림 15-12의 실험 결과

클럭 펄스	업(UP) : +5[V]		다운(DOWN) : 0[V]	
	B	A	B	A
0				
1↑				
2↑				
3↑				
4↑				
5↑				

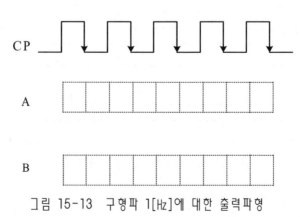

그림 15-13 구형파 1[Hz]에 대한 출력파형

230

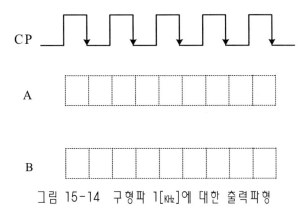

그림 15-14 구형파 1[㎑]에 대한 출력파형

4)

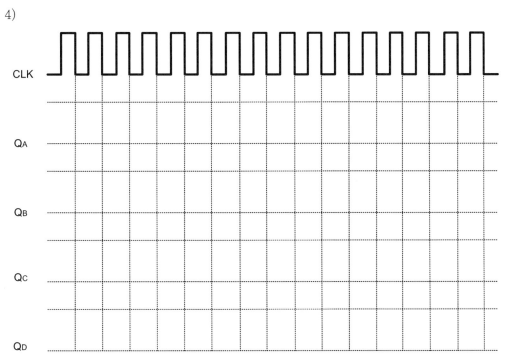

그림 15-16 MOD-16 카운터의 파형

2. 실험 결과 고찰

(1) 비동기 카운터와 동기 카운터의 차이점에 대하여 설명하시오.

(2) 비동기 업 카운터와 비동기 다운 카운터의 논리회로 중에서 차이점이 무엇인가를 설명하시오.

(3) 32비트를 카운트하기 위해서는 JK 플립플롭이 몇 개 필요한 지 설명하시오.

(4) 74LS76의 클럭 단자 CLK의 앞에 있는 작은 원이 의미하는 내용을 설명하시오.

(5) 4비트 비동기식 업/다운 카운터 회로를 구성할 경우 JK 플립플롭 외부에 있는 AND, OR 게이트의 기능에 대하여 설명하시오.

실험 16 | 동기식 카운터 (Synchronous Counter)

실험 목적

1. 동기식 업/다운 카운터의 구조와 동작원리를 이해한다.
2. 동기식 BCD 카운터의 설계방법을 익힌다.
3. 플립플롭의 응용능력과 카운터의 응용능력을 키운다.

이 론

앞에서 실험한 비동기식 카운터는 클럭이 맨 앞 단의 플립플롭에만 입력되고 뒷 단의 플립플롭은 앞 단의 출력을 이용하도록 구성하여 모든 플립플롭의 출력이 동시에 변하는 것이 아니라 앞 단에서부터 뒷 단으로 출력이 변해 간다는 것을 알았다. 비동기식 카운터는 전 단의 출력에 의하여 플립플롭이 트리거되므로 종속 접속된 플립플롭의 단 수가 늘어날수록 전송지연이 발생하게 된다. 이러한 전송지연 때문에 사용할 수 있는 최대 클럭 주파수가 제한되지만, 동기식 카운터(Synchronous Counter)는 구성하고 있는 플롭플롭의 클럭 신호가 병렬로 연결되어 있어 한 번의 클럭 펄스 변화가 동시에 각 단을 트리거 시키게 되므로 비동기식 카운터보다 동작속도가 빠르다.

1. 동기식 업 카운터(Synchronous Up Counter)

동기식 카운터는 모든 단이 클럭 펄스에 의해 동시에 트리거되는 카운터이다. 각 단의 상태전환은 그들의 논리 게이트에 따른다. 동기식 카운터는 그를 구성하고 있는 모든 플립플롭의 클럭 신호가 병렬로 연결되어 있어 한 번의 클럭 펄스의 변화가 동시에 각 단을 트리거시키므로 순간적 동작형의 카운터라고 할 수 있으며 고속 카운터에 이용된다. 그러나 비동기식 카운터보다 더 많은 회로 소자가 필요하다.

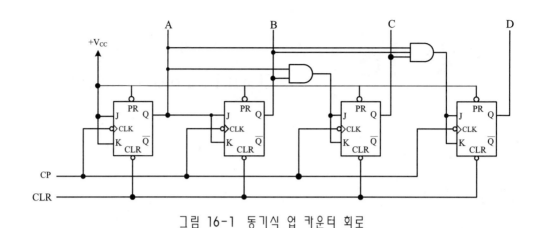

그림 16-1 동기식 업 카운터 회로

따라서 동기식 업 카운터(Synchronous Up Counter)는 모든 플립플롭이 동일한 클럭 펄스에 의해서 동시에 동작한다는 점을 제외하고는 비동기식 업 카운터와 마찬가지이다. 동기식 업 카운터 회로는 그림 16-1과 같이 구성하게 되고, 입력 클럭 펄스(CP)의 인가에 따른 출력 A, B, C, D의 출력파형을 그림 16-2에 나타내었다.

그림 16-1의 회로에서 알 수 있듯이 동기식 업 카운터는 앞 단의 출력 Q를 모아 AND 게이트로 묶어서 다음 단의 J와 K 입력에 연결하고, 모든 플립플롭에 클럭 펄스를 접속시켜 구성한다. 또한 그림 16-2의 출력 파형에서 알 수 있듯이 동기식 업 카운터의 플립플롭들은 네거티브 에지에서 동작하고 있으며, 클럭 펄스가 들어오기 전에 모든 플립플롭들을 클리어시켜 둔다.

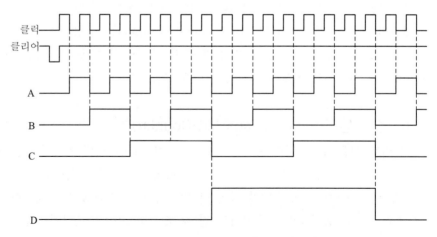

그림 16-2 동기식 업 카운터 출력파형

2. 동기식 다운 카운터(Synchronous Down Counter)

앞에서 설명한 동기식 업 카운터는 클럭 펄스가 들어올 때마다 증가하는 방향으로 하나씩 카운트하므로 이것을 업 카운터라 하고, 이것과 반대로 클럭 펄스가 들어올 때마다 감소하는 방향으로 셀 수 있는 카운터를 동기식 다운 카운터라 한다.

동기식 다운 카운터는 모든 플립플롭들이 동일한 클럭 펄스에 의해서 동시에 동작한다는 점을 제외 하고는 비동기식 다운 카운터와 마찬가지이다.

그림 16-3의 동기식 다운 카운터 회로와 같이 앞 단의 출력 $\overline{Q}$들을 모두 모아 AND 게이트로 묶어서 다음 단의 J와 K 입력에 동시에 연결하고, 모든 플립플롭에 클럭 펄스를 접속시키면 동기식 다운 카운터 회로를 구성하게 된다. 입력 클럭 펄스(CP)의 인가에 의한 출력 A, B, C, D의 출력파형을 그림 16-4에 나타내었다.

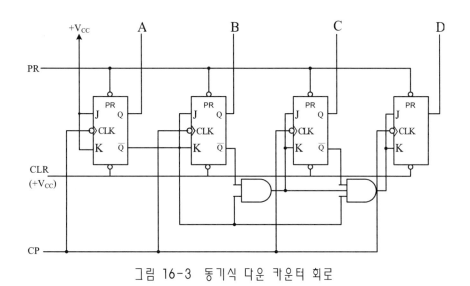

그림 16-3 동기식 다운 카운터 회로

그림 16-4의 출력 파형에서 알 수 있듯이 동기식 다운 카운터의 플립플롭들은 클럭 펄스의 네거티브 에지에서 동작하고 있으며, 클럭 펄스가 들어오기 전에 모든 플립플롭들을 1로 프리셋 시켜 둔다.

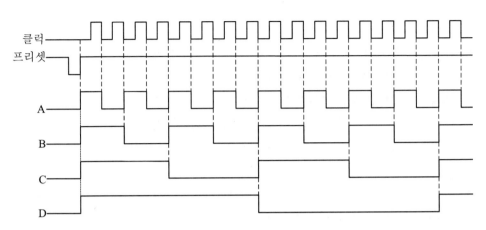

그림 16-4 동기식 다운 카운터 출력파형

3. 동기식 BCD 카운터

BCD 카운터는 2진 코드화 10진수 0000에서 1001까지 세고 다시 0000으로 돌아와 셈을 하고 0으로 돌아가야 하므로 BCD카운터에는 일정한 형식이 없으며, BCD 동기식 카운터 회로를 설계하기 위해 표 16-1에 주어진 BCD 카운터의 셈 순서와 T 플립플롭의 진리표, 그리고 출력 y가 나타니 있다. 이 출력은 카운터의 현재상태가 1001일 때 1이 되도록 한다.

이렇게 하면 현재 자리가 1001에서 0000으로 변하는 순간에 그 자리보다 한 자리 윗자리를 인에이블시킬 수 있다.

표 16-1 BCD 카운터의 진리표

셈 순서				플립플롭 입력				출력 캐리
Q_8	Q_4	Q_2	Q_1	TQ_8	TQ_4	TQ_2	TQ_1	y
0	0	0	0	0	0	0	1	0
0	0	0	1	0	0	1	1	0
0	0	1	0	0	0	0	1	0
0	0	1	1	0	1	0	1	0
0	1	0	0	0	0	0	1	0
0	1	0	1	0	0	1	1	0
0	1	1	0	0	0	0	1	0
0	1	1	1	1	1	1	1	0
1	0	0	0	0	0	0	1	0
1	0	0	1	1	0	0	1	1

표 16-1의 진리표로부터 플립플롭의 입력함수를 카노프 맵 방법으로 간소화하면 다음과 같다. 민터엄(minterm) 10에서 민터엄 15까지는 리던던시(don't care term)으로 취급한다.

$$TQ_1 = 1$$

$$TQ_2 = Q_8{'}Q_1$$

$$TQ_4 = Q_2Q_1$$

$$TQ_3 = Q_8Q_1 + Q_4Q_2Q_1$$

$$y = Q_8Q_1$$

이 수식에 대한 BCD 카운터 설계를 그림 16-5에 나타내었다. 회로는 4개의 T 플립플롭, 4개의 AND게이트, 1개의 OR게이트로 설계할 수 있다. 그림 16-5의 동기식 BCD 카운터 설계에 대한 출력 파형의 타이밍도를 그림 16-6에 나타내었다.

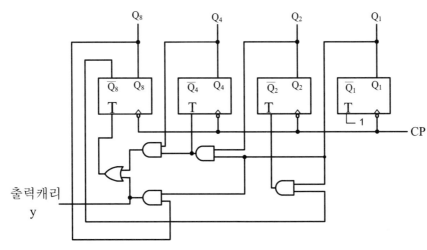

그림 16-5 동기식 BCD카운터 설계회로

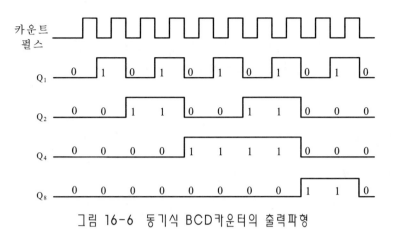

그림 16-6 동기식 BCD카운터의 출력파형

🪲 사용기기 및 부품

· 논리실험장치(Digital Logic Lab. Unit)
· 오실로스코프(CRO)
· 단일펄스 발생기(5[μs], +5[V])
· DC Power Supply
· Oscilloscope
· 74LS08(2-입력 AND 게이트)
· 74LS10(3-입력 NAND 게이트)
· 74LS11(3-입력 AND 게이트)
· 7476(dual JK flip-flop)
· LED
· 저항 330[Ω]4개

🪲 실험과정

1. 동기식 업 카운터

(1) 그림 16-7의 동기식 업 카운터(synchronous up counter) 실험 회로를 결선하고, 다음 순서에 따라 실험하여라.

(2) CLR 단자를 순간적으로 접지시킨 후 +5[V] 전원에 연결시키고, PR 단자는 +5[V]

에 연결하라. 이제 출력 A, B, C, D가 모두 로직 0이 되었는지 확인하여라.

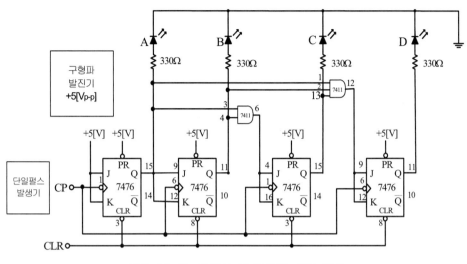

그림 16-7 동기식 업 카운터 실험 회로

(3) 단일펄스 발생기를 이용하여(즉, 클럭 펄스 CP 단자를 16번 인가하여) 표 16-2를 완성하여라.

표 16-2 그림 16-7의 실험 결과

입 력	출 력				10진수	16진수
클럭 펄스	D	C	B	A		
0						
1 ↑						
2 ↑						
3 ↑						
4 ↑						
5 ↑						
6 ↑						
7 ↑						
8 ↑						
9 ↑						
10 ↑						
11 ↑						
12 ↑						
13 ↑						
14 ↑						
15 ↑						
16 ↑						

(4) 그림 16-7의 실험 회로에서 단일펄스 발생기(즉, CP 단자)에 구형파 발진기를 접속하고 발진기의 출력을 5[VP-P]가 되게 한 후, 1[Hz]와 1[KHz]에 대하여 2현상 오실로스코프로 각 부분(CP, A, B, C, D)의 파형을 관측하여 그림 16-8과 그림 16-9를 완성하여라.

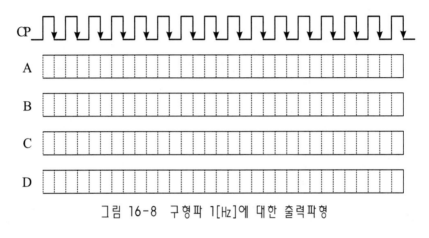

그림 16-8 구형파 1[Hz]에 대한 출력파형

그림 16-9 구형파 1[KHz]에 대한 출력파형

2. 동기식 다운 카운터

(1) 그림 16-10의 동기식 다운 카운터(synchronous down counter) 실험 회로를 결선하고, 다음 순서에 따라 실험하여라.

(2) PR 단자를 순간적으로 접지시킨 후 +5[V] 전원에 연결시키고, CLR 단자는 +5[V]에 연결하라. 이제 출력 A, B, C, D가 모두 로직 1이 되었는지 확인하여라.

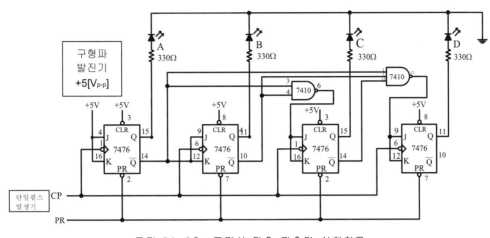

그림 16-10 동기식 다운 카운터 실험회로

(3) 단일펄스 발생기를 이용하여(즉, 클럭 펄스 CP 단자를 16번 인가하여) 표 16-3을 완성하여라.

표 16-3 그림 16-10의 실험 결과

입 력	출 력				10진수	16진수
클럭 펄스	D	C	B	A		
0						
1↑						
2↑						
3↑						
4↑						
5↑						
6↑						
7↑						
8↑						
9↑						
10↑						
11↑						
12↑						
13↑						
14↑						
15↑						
16↑						

(4) 그림 16-10의 실험회로에서 단일펄스 발생기(즉, CP 단자)에 구형파 발진기를 접속하고 발진기의 출력을 5[VP-P]가 되게 한 후, 1[Hz]와 1[KHz]에 대하여 2현상 오실로스코프로 각 부분(CP, A, B, C, D)의 파형을 비교 관측하여 그림 16-11과 그림 16-12를 완성하여라.

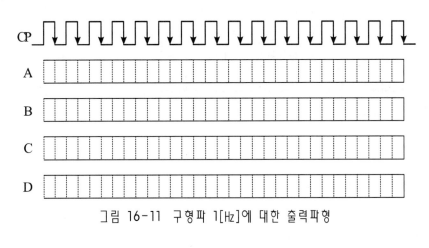

그림 16-11 구형파 1[Hz]에 대한 출력파형

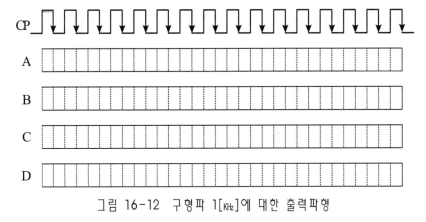

그림 16-12 구형파 1[KHz]에 대한 출력파형

3. 동기식 BCD 카운터

(1) 그림 16-13의 동기식 BCD 카운터 실험회로를 결선하고, 다음 순서에 따라 실험하여라.

(2) CLR 단자를 순간적으로 접지시킨 후 +5[V] 전원에 연결시키고, PR 단자는 +5[V]에 연결하라. 이제 출력 A, B, C, D가 모두 로직 0이 되었는지 확인하여라.

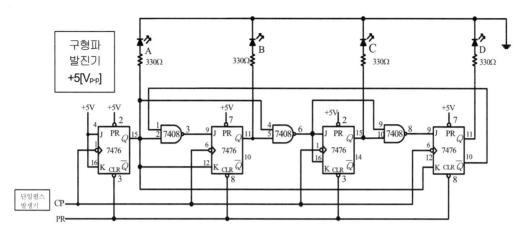

그림 16-13 동기식 BCD 카운터 실험회로

(3) 단일펄스 발생기를 이용하여(즉, 클럭 펄스 CP 단자를 인가하여) 표 16-4를 완성하여라.

표 16-4 그림 16-13의 실험 결과

입력	출력				10진수
클럭의 수	D	C	B	A	
0					
1↑					
2↑					
3↑					
4↑					
5↑					
6↑					
7↑					
8↑					
9↑					
10↑					

(4) 그림 16-13의 동기식 BCD 카운터 실험회로에서 단일펄스 발생기(즉, CP 단자)에 구형파 발진기를 접속하고 발진기의 출력을 5[VP-P]가 되게 한 후 1[Hz]와 1[KHz]에 대하여 2현상 오실로스코프로 각 부분(CP, A, B, C, D)의 파형을 비교 관측하여 그림 16-14와 그림 16-15를 완성하여라.

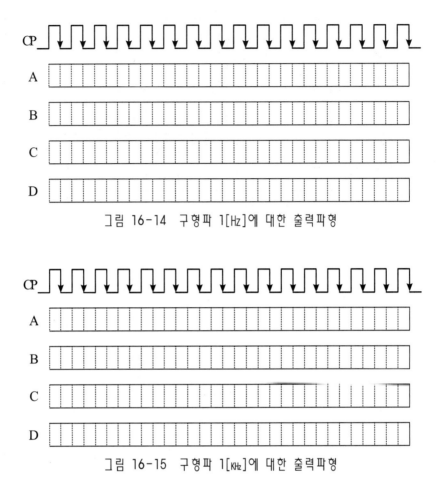

그림 16-14 구형파 1[Hz]에 대한 출력파형

그림 16-15 구형파 1[kHz]에 대한 출력파형

⌘ 실험 16. 실험 결과 보고서 ⌘

실험제목 :	일 자 :	실험조 :
학 번 :	성 명 :	

1. 실험 결과

1)

표 16-2 그림 16-7의 실험 결과

입 력	출 력				10진수	16진수
클럭 펄스	D	C	B	A		
0						
1↑						
2↑						
3↑						
4↑						
5↑						
6↑						
7↑						
8↑						
9↑						
10↑						
11↑						
12↑						
13↑						
14↑						
15↑						
16↑						

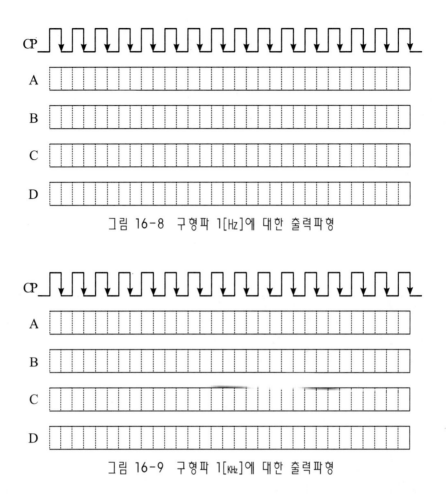

그림 16-8 구형파 1[Hz]에 대한 출력파형

그림 16-9 구형파 1[KHz]에 대한 출력파형

2)

표 16-3 그림 16-10의 실험 결과

입 력	출 력				10진수	16진수
클럭 펄스	D	C	B	A		
0						
1↑						
2↑						
3↑						
4↑						
5↑						
6↑						
7↑						
8↑						
9↑						
10↑						
11↑						
12↑						
13↑						
14↑						
15↑						
16↑						

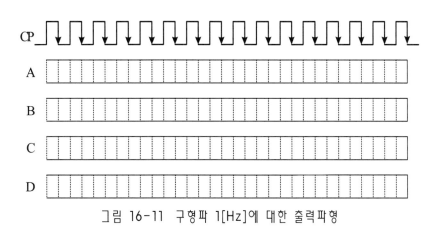

그림 16-11 구형파 1[Hz]에 대한 출력파형

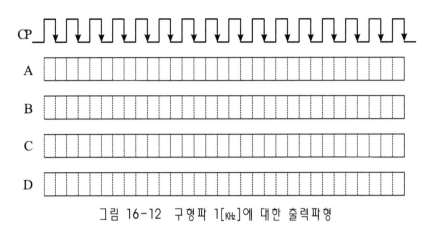

그림 16-12 구형파 1[㎑]에 대한 출력파형

3)

표 16-4 그림 16-13의 실험 결과

입력	출력				10진수
클럭의 수	D	C	B	A	
0					
1↑					
2↑					
3↑					
4↑					
5↑					
6↑					
7↑					
8↑					
9↑					
10↑					

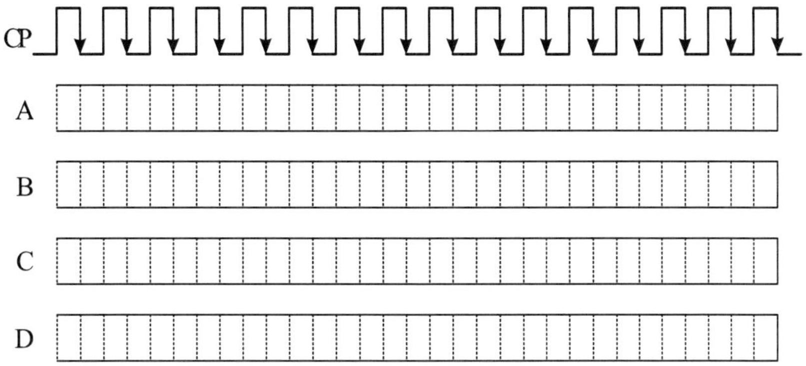

그림 16-14 구형파 1[㎐]에 대한 출력파형

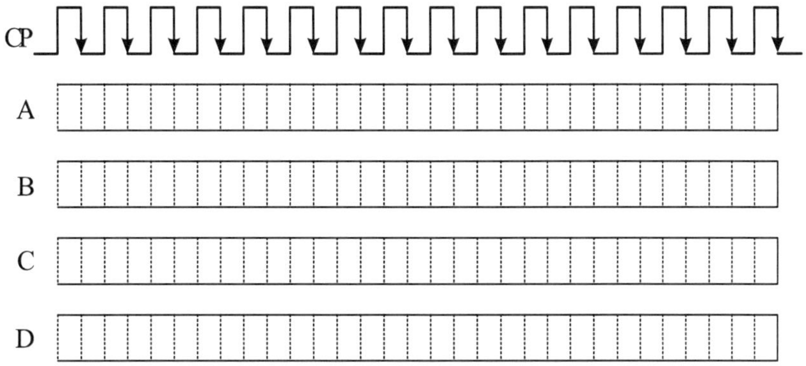

그림 16-15 구형파 1[㎑]에 대한 출력파형

2. 실험 결과 고찰

(1) 동기식 카운터에 대하여 설명하시오.

(2) 동기식 up 카운터와 down 카운터의 차이를 간단히 설명하시오.

(3) 동기식 up 카운터와 down 카운터의 논리 회로에서 왜 외부에 AND 게이트를 구성하는지 설명하시오.

실험 17 | Modulo 카운터 (Modulo Counter)

실험 목적

1. Modulo 카운터의 구조와 동작원리를 이해한다.
2. Modulo 카운터의 구동 방법을 익히고 응용력을 키운다.
3. 플립플롭의 응용능력과 카운터의 응용능력을 키운다.

이 론

Modulo-N 카운터 즉, Mod-N 카운터는 N개의 카운트 순서를 반복하는 카운터를 나타 낸다. 즉, N개의 서로 다른 출력 상태를 나타낸 후 다시 원래의 상태로 돌아가서 다시 N 개의 출력 상태를 반복하게 되어 있다. 만일 "카운터가 어떤 숫자에서 리셋되기를 원할 경우" 우리는 Modulo-N 카운터 혹은 Mod-N 카운터를 이용할 수 있다. Mod 5 카운터 는 5번째 클럭 펄스에서 리셋되고, Mod 6 카운터는 6번째 클럭 펄스에서 리셋된다. Mod 카운터는 주파수 측정이나 정확도 높은 타이밍 디바이스 등의 응용에서 10진 카운터와 조 합을 통해 매우 유용하게 사용된다.

1. 비동기식 MOD-3 카운터

각 플립플롭의 2진수 표시가 N이 되는 순간에 전체 플립플롭을 클리어시키면 모든 플립 플롭이 다시 처음부터 카운터 동작을 하게 되므로 MOD-N 카운터의 구성이 가능하게 된 다. 예를 들어 MOD-3 카운터를 구성하는 경우 표 17-1에서 보는 바와 같이 $A = B = 1$ 이 되는 순간 두 개의 플립플롭을 $A = B = 0$으로 클리어시키면 구성할 수 있다. 즉, $A = B = 1$일 때만 클리어 펄스 "0"이 나와야 되므로 $x = \overline{A \cdot B}$가 된다. 따라서 x를 조 합논리회로로 만들어 CLR 단자에 접속시키면 그림 17-1과 같은 회로를 구성할 수 있다.

표 17-1 MOD-3 카운터 진리표

10진수	A	B
0	0	0
1	0	1
2	1	0
3	0	0
4	0	1
5	1	0
6	0	0

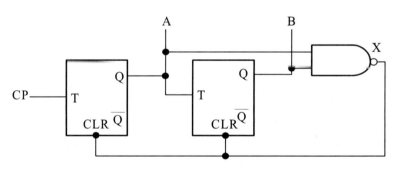

그림 17-1 비동기식 MOD-3 카운터 회로

2. 동기식 MOD-5 카운터

동기식 MOD-5 카운터는 그림 17-2와 같은 기본회로 형태를 이용하여 조직적으로 설계할 수 있다. 우선 모든 카운터 단은 동기식 작동을 위해 같은 클럭 펄스 신호에 의해서 직접 클럭 펄스가 가해지도록 한다. MOD-5 카운터에서는 N=3 즉, 3단의 플립플롭을 사용해야 된다 (N = 5, $2^2 < N < 2^3$). 각 단은 각각의 클럭 펄스에 의해 트리거되며, 입력 J와 K에서 공급되는 논리 신호에 따라 출력 상태가 변화된다.

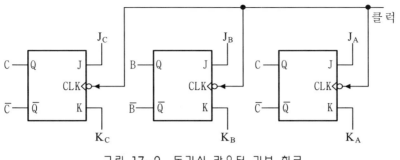

그림 17-2 동기식 카운터 기본 회로

카운터 설계는 진리표를 이용한 카르노 맵 간략화로 이루어진다. MOD-5 카운터에서 필요한 진리표는 표 17-2와 같다.

표 17-2 MOD-5 카운터 진리표

현재 상태(t)			다음 상태(t+1)		
C	B	A	C	B	A
0	0	0	0	0	1
0	0	1	0	1	0
0	1	0	0	1	1
0	1	1	1	0	0
1	0	0	0	0	0
0	0	0	0	0	1

표 17-2는 현재의 계수와 클럭 펄스로부터 생기는 결과의 다음 계수(next count)를 표시한 것이다. 이 진리표를 보면 A단에 대한 J와 K 입력으로 사용되는 논리 신호는 A단을 토글시키기 위하여 논리 상태 1이 되어야 한다. 단, 100을 계수할 때는 제외된다.

먼저 A단에 대해 원하는 기수 과정이 이루어지게 하려면 $J = C'$, $K = 1$의 입력을 갖도록 배선해야 한다. 이로써 출력 C가 상태 1(4번째의 계수 단계)일 때를 제외하고는 매 클럭 펄스에서 토글 상태가 생기도록 $J = 0$, $K = 1$이 되어 다음 번 클럭 펄스에 의해서 A단은 클리어되기 때문에 이것만 제외된다.

B단의 입력에 대해서는 출력 A가 논리상태 1일 때 1번과 3번째 계수 단계에서 B단이

토글되어야 한다. 따라서 그 논리 입력은 $J_B = K_B = A$가 된다.

 C단의 입력에 대해서는 4번째 계수 단계에서 C단은 상태 1이 세트되고 그 외 계수 단계에서는 모두 클리어 상태가 된다. 따라서 $J_C = A \cdot B$, $K_C = 1$로 해야 원하는 계수 과정이 이루어진다. 전체적인 MOD-5 동기식 카운터의 회로는 그림 17-3에 보이는 바와 같다. 원하는 논리신호를 얻기 위한 각 단의 입력에 대해서 카르노 맵을 적용시키면 체계적인 설계를 할 수 있다. MOD-5 카운터에 대한 출력 파형은 그림 17-4와 같다.

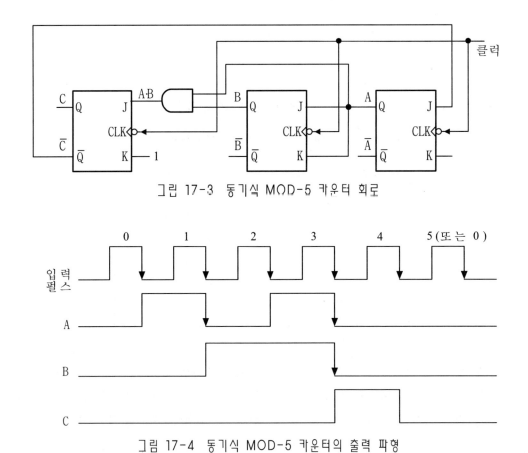

그림 17-3 동기식 MOD-5 카운터 회로

그림 17-4 동기식 MOD-5 카운터의 출력 파형

3. 동기식 MOD-6 카운터

 MOD-6 카운터는 3단의 플립플롭이 필요하며, 앞서 설명한 방법을 반복하여 설계하면 그림 17-5와 같다. 원하는 진리표는 표 17-3과 같으며, 이 진리표를 가지고 카르노 맵을 이용하여 부울대수식을 간략화할 수 있다. 카르노 맵을 사용하여 얻은 부울대수식은 다음과 같다.

표 17-3 MOD-6 카운터 진리표

현재 상태(t)			다음 상태(t+1)		
C	B	A	C	B	A
0	0	0	0	0	1
0	0	1	0	1	0
0	1	0	0	1	1
0	1	1	1	0	0
1	0	0	1	0	1
1	0	1	0	0	0
0	0	0	0	0	1

$$J_A = 1, \quad K_A = 1$$

$$J_B = AC, \quad K_B = A$$

$$J_C = AB, \quad K_C = A$$

위의 식으로부터 MOD-6 카운터를 설계하면 그림 17-5와 같은 논리회로를 그릴 수 있다.

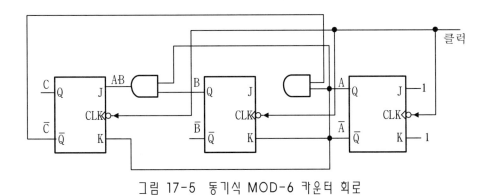

그림 17-5 동기식 MOD-6 카운터 회로

4. 전용 IC 74LS193 동기 카운터

IC 동기 카운터는 비동기나 동기적으로 원하는 초기 상태를 미리 설정할 수 있도록 병렬 입력이 가능하다. 이 병렬 입력 동작을 카운터의 로드라고 한다. 다양한 형태의 IC 동기 카운터 중에서 대표적인 것 중의 하나가 비동기 로드와 클리어 입력을 가진 74LS193이다.

그림 17-6은 74LS193 동기 업/다운 2진 카운터(Synchronous up/down binary counter)이다. LOAD를 사용하여 비동기적으로 병렬 입력 A ~ D의 데이터를 카운터의 초기 상태로 미리 설정할 수 있다.

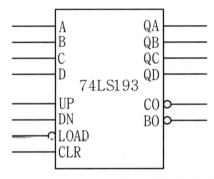

그림 17-6 74LS193 동기 업/다운 카운터

카운트 업 동작은 UP에 클럭 펄스가 인가될 때 카운터는 초기 상태에서 최대 상태 1111까지 증가하고 다시 0000으로 재순환하고, 카운트 다운 동작은 DN에 클럭 펄스가 인가되면 초기 상태에서 최소 상태 0000까지 감소하고 다시 1111 상태로 재순환한다.

🖳 사용기기 및 부품

· 논리실험장치(Digital Logic Lab. Unit)
· 오실로스코프(CRO)
· 단일펄스 발생기(5[μs], +5[V])
· DC Power Supply
· Oscilloscope
· 74LS00(Quad 2-input NAND 게이트)

· 74LS08(Quad 2-input AND 게이트)

· 7476(dual JK flip-flop)

· 74193(Synchronous up/down binary counter)

· LED

· 저항 330[Ω] 4개

실험과정

1. 비동기식 MOD-3 카운터

(1) 그림 17-7의 비동기식 MOD-3 카운터 실험 회로를 결선하고, 다음 순서에 따라 실험하여라.

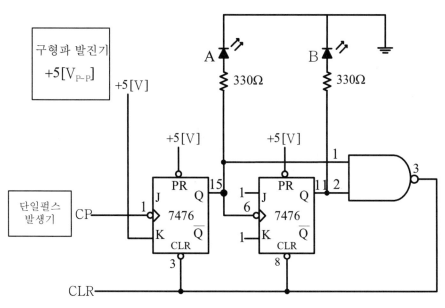

그림 17-7 비동기식 MOD-3 카운터 실험회로

(2) CLR 단자를 순간적으로 접지시킨 후 개방시키고, PR 단자는 +5[V]에 연결하라. 이제 출력 A, B가 모두 로직 0이 되었는지 확인하여라.

(3) 단일펄스 발생기를 이용하여(즉, 클럭 펄스 CP 단자를 인가하여) 표 17-4를 완성하여라.

표 17-4 그림 17-7의 실험 결과

클럭의 수	B	A
0		
1↑		
2↑		
3↑		
4↑		
5↑		
6↑		

(4) 그림 17-7의 실험회로에서 단일펄스 발생기(즉, CP 단자)에 구형파 발진기를 접속
하고, 발진기의 출력을 5[VP-P]가 되게 한 후 1[Hz]와 1[㎑]에 대하여 2현상 오실로
스코프로 각 부분(CP, A, B)의 파형을 비교 관측하여 그림 17-8과 그림 17-9를 완
성하여라.

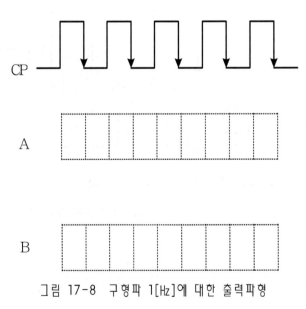

그림 17-8 구형파 1[Hz]에 대한 출력파형

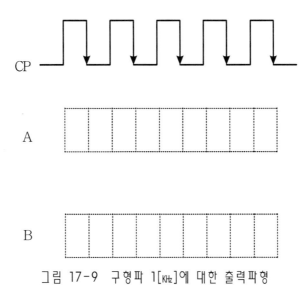

그림 17-9 구형파 1[KHz]에 대한 출력파형

2. 동기식 MOD-5 카운터

(1) 그림 17-10의 동기식 MOD-5 카운터 실험 회로를 결선하고, 다음 순서에 따라 실험하여라.

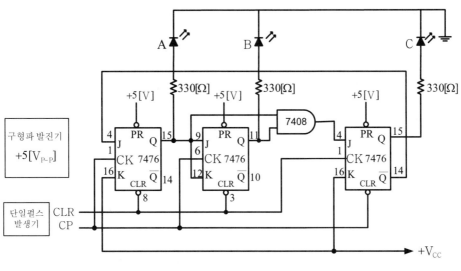

그림 17-10 동기식 MOD-5 카운터 실험회로

(2) CLR 단자를 순간적으로 접지시킨 후 +5[V] 전원에 연결시키고, PR 단자는 +5[V]에 연결하라. 이제 출력 A, B가 모두 로직 0이 되었는지 확인하여라.

(3) 단일펄스 발생기를 이용하여(즉, 클럭 펄스 CP 단자를 인가하여) 표 17-5를 완성하여라.

표 17-5 그림 17-10의 실험 결과

클럭의 수	C	B	A
0			
1↑			
2↑			
3↑			
4↑			
5↑			
6↑			

(4) 그림 17-10의 실험회로에서 단일펄스 발생기(즉, CP 단자)에 구형파 발진기를 접속하고, 발진기의 출력을 5[VP-P]가 되게 한 후 1[Hz]와 1[kHz]에 대하여 2현상 오실로스코프로 각 부분(CP, A, B, C)의 파형을 비교 관측하여 그림 17-11과 그림 17-12를 완성하여라.

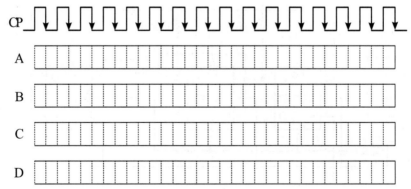

그림 17-11 구형파 1[Hz]에 대한 출력파형

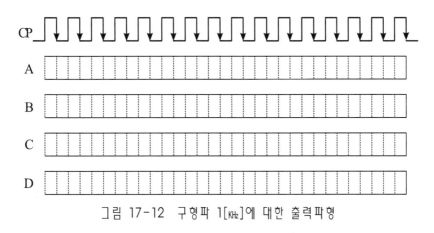

그림 17-12 구형파 1[㎑]에 대한 출력파형

3. 동기식 MOD-10 카운터

(1) 그림 17-13의 동기식 MOD-10 카운터 실험 회로를 결선하고, 다음 순서에 따라 실험하여라.

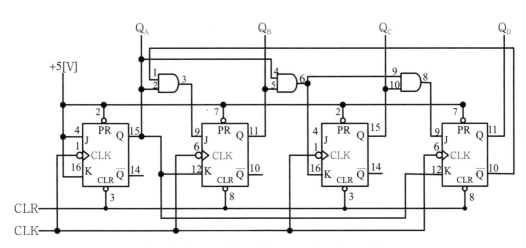

그림 17-13 동기식 MOD-10 카운터 실험회로

(2) CLR 단자를 순간적으로 접지시킨 후 +5[V] 전원에 연결시키고, PR 단자는 +5[V]에 연결하라. 이제 출력 Q_A, Q_B, Q_C, Q_D가 모두 로직 0이 되었는지 확인하여라.

(3) 클럭 펄스를 인가할 때마다 출력 Q_A ~ Q_D의 파형을 측정하여 그림 17-14에 그리고, 표 17-6을 완성하여라.

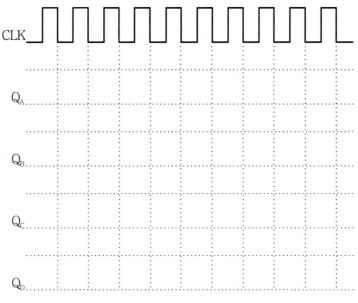

그림 17-14 동기식 MOD-10 카운터 출력파형

표 17-6 그림 17-13의 실험 결과

클럭의 수	C	B	A
0			
1↑			
2↑			
3↑			
4↑			
5↑			
6↑			
7↑			
8↑			
9↑			
10↑			

4. 전용 IC 74LS193 동기 카운터

(1) 다음의 그림 17-15에서 74LS193을 이용하여 MOD-10 카운터 회로를 구성하시오.

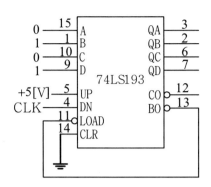

그림 17-15 MOD-10 카운터 실험회로

(2) D, C, B, A에 1, 0, 1, 0 값을 인가하여 초기 상태를 1010으로 설정하시오.

(3) 클럭 펄스를 인가할 때마다 출력 $Q_A \sim Q_D$의 파형을 측정하여 그림 17-16에 작성하시오.

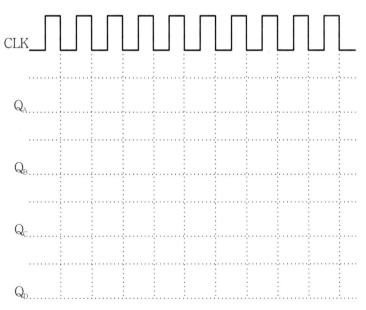

그림 17-16 MOD-10 카운터 출력파형

♥ NOTE ♥

⌘ 실험 17. 실험 결과 보고서 ⌘

실험제목 :	일 자 :	실험조 :
학 번 :	성 명 :	

1. 실험 결과

1)

표 17-4 그림 17-7의 실험 결과

클럭의 수	B	A
0		
1↑		
2↑		
3↑		
4↑		
5↑		
6↑		

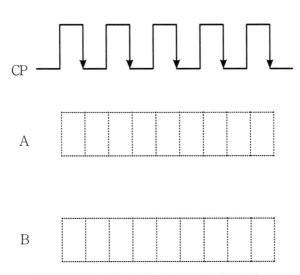

그림 17-8 구형파 1[Hz]에 대한 출력파형

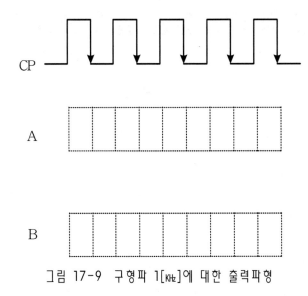

그림 17-9 구형파 1[㎑]에 대한 출력파형

2)

표 17-5 그림 17-10의 실험 결과

클럭의 수	C	B	A
0			
1↑			
2↑			
3↑			
4↑			
5↑			
6↑			

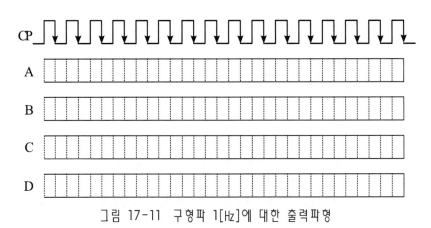

그림 17-11 구형파 1[㎐]에 대한 출력파형

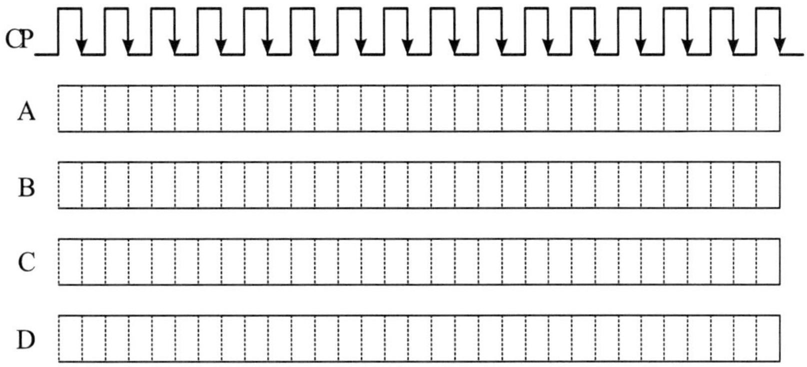

그림 17-12 구형파 1[㎑]에 대한 출력파형

2. 실험 결과 고찰

(1) Modulo-N 카운터에 대하여 설명하시오.

(2) MOD-10 카운터의 진리표를 작성하시오.

(3) 동기식 MOD-6 카운터의 논리회로 설계 과정을 설명하고, 그 논리회로를 그리시오.

(3) 전용 IC 74LS193 동기 카운터의 핀 배치도를 그리고, 그 기능 및 동작 내용을 실명하시오.

제5부

디지털 응용회로 실험

실험 18 | 클럭 발생 회로 (Clock Generator)

실험 목적

1. 비안정 멀티 바이브레이터의 동작을 익힌다.
2. 클럭발생 회로의 동작을 익힌다.
3. 수정발진회로의 원리를 이해한다.

이 론

1. 비안정 멀티 바이브레이터 회로

비안정 멀티 바이브레이터(Astable multivibrator) 회로는 세트(set) 또는 리셋(reset)에 영구적으로 머물러 있지 않고 일시적으로 머물러 있다가 다른 상태로 스위치하는 동작을 하기 때문에 두 개의 상태 모두에 안정되지 않고 세트와 리셋을 주기적으로 반복한다. 이 러한 비안정은 자체(free-running) 발진 멀티 바이브레이터라고도 부르며, 디지털 시스템의 클럭으로 유용하게 사용한다. 이와같이 비안정 멀티바이브레이터는 안정한 상태가 없고 세트 상태와 리셋 상태가 반복적으로 발진하여 클럭 펄스 입력으로 사용할 수 있는 회로이다.

(1) CMOS 비안정 멀티 바이브레이터

CMOS 비안정 멀티 바이브레이터는 CMOS 인버터와 RC로 구성을 하며, CMOS는 높은 입력 임피던스 때문에 외부 소자의 온도에 의한 변화에 영향을 적게 받고 소자 자체도 온도 변화에 안정 된 특성을 가지므로 간단하게 디지털 클럭을 발생하는 데 사용한다.

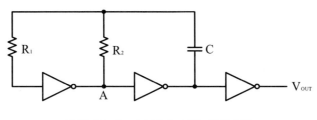

그림 18-1 CMOS 클럭 발생회로

그림 18-1에서 출력 펄스의 주기는 다음과 같다.

$$T = R_2 C \cdot \ln\left(\frac{V_{DD} - V_{TH}}{V_{DD}}\right)\left(\frac{V_{TH}}{V_{DD}}\right) \tag{1}$$

그림 18-1의 CMOS 클럭 발생기에서 R1은 발진 주파수에 영향을 미치지 않으나, 전원 전압의 변동에 대하여 발진 주파수를 안정시키기 위하여 사용하며 R_2값의 2배 이상 되는 저항을 사용한다.

(2) NE555 타이머 IC

555 타이머 IC 내부에는 비교기 2개, 및 RS 플립플롭이 실장되어 있고, IC 외부에 R, CFM FEKF아 펄스를 발진시키는 대표적인 IC Timer이다. 그림 18-2는 555 타이머 IC의 비안정 멀티바이브레이터 회로이다.

수정발진 회로는 발진 주파수가 안정적이지만 고정되어 있어 임의의 주파수를 만들기가 힘들기 때문에 가변 저주파 발진 회로에서는 쓰이기 어렵다. 555타이머 IC는 가격이 싸고 신뢰도도 좋으며 응용범위가 넓어서 널리 쓰이고 있다. 전원은 5~18[V] 범위내에서 자유롭게 쓸 수 있기 때문에 TTL, CMOS, 일반 Linear IC와 함께 쓰일 수 있다.

NE555 타이머 IC의 자체 발진 주파수는 R_A, R_B 및 C에 의하여 주어지며, 충전시간은 C와 R_A, R_B로, 방전시간은 C와 RB로 결정된다. R_A의 최소치는 1[kΩ]이며 R_A와 R_B의 최대치는 3.3[MΩ]이다. 그림 18-2의 NE555 리셋 단자 4번이 0[V]이면 출력은 0[V]로 되며, 이 단자를 사용하지 않을 경우에는 V_{CC}에 연결해야 한다.

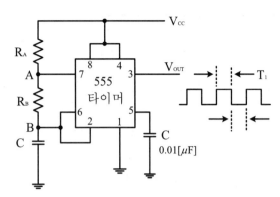

그림 18-2 555 타이머 IC의 비안정 멀티바이브레이터 회로

출력은 충전시간 동안은 V_{CC}이고, 방전시간 동안은 0[V]이다. 출력 펄스가 'HIGH'인 기간 T_{high}, 출력 펄스가 'LOW'인 기간 T_{low}, 전체 주기 T 및 출력 펄스의 Duty cycle D는 다음 식으로 주어진다.

$$T_{high} = 0.693(R_A + R_b) \cdot C \tag{2}$$

$$T_{low} = 0.693\,R_B\,C$$

$$T = T_{high} + T_{low} = 0.693(R_A + 2R_B)C$$

$$D = \frac{T_{high}}{T} = \frac{R_A + R_B}{R_A + 2R_B} \times 100\,[\%]$$

또한 출력 주파수 f는 주기 T의 역수이므로 다음과 같다.

$$f = \frac{1}{T} = \frac{1.44}{(R_A + 2R_B)C} \tag{3}$$

식 (2)와 (3)에서 알 수 있듯이, R_A, R_B, C를 가변시키면 출력 주파수를 쉽게 변화시킬 있다. 단, 출력 파형의 duty cycle은 R_A, R_B에 의해 변화한다.

(3) 수정진동자 클럭발생기

수정진동자 클럭발생기는 그림 18-3과 같이 직렬 및 병렬공진회로로 구성할 수 있으며, 직렬 공진은 회로의 발진기 궤환 루프에 리액턴스 성분을 사용하지 않을 경우에 사용하고, 병렬 공진은 궤환 루프에 리액턴스 성분을 사용하는 회로에 사용된다. 정해진 주파수로 발진이 시작되고 유지시키기 위해 필요한 위상전이(phase shift)를 직렬 공진인 경우는 수정진동자에 의해서만 결정되고, 병렬공진인 경우에는 수정진동자와 리액턴스 성분에 의하여 이루어진다.

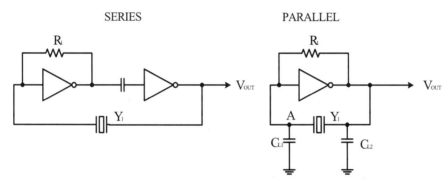

그림 18-3 기본적인 수정진동자 클럭발생기

수정진동자에 대한 해석은 그림 18-4의 등가회로로 생각할 수 있는데 C_0는 분류(shunt) 커패시턴스, L_1, C_1 및 R_1은 진동 파라미터(motionl parameter)이다. 그림 18-4의 등가회로로부터 수정 진동자의 중요한 파라미터인 부하 커패시턴스(load capacitance)C_L이 계산되며, 그림 18-3의 병렬공진에 대하여 경험적으로 $C_{STRAY} = 5[pF]$, $C_{L1} = C_{L2} = 50[pF]$에 대하여 $C_L = 30[pF]$가 된다. 또한 주파수 안정도는 수정진동자에서 허용할 수 있는 주파수의 편차를 말하며, 정해진 온도 범위에서의 PPM (part per million)으로 주어진다.

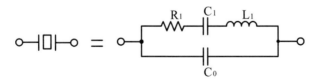

그림 18-4 수정 진동자 등가회로

그림 18-4의 등가회로를 보면 수정진동자는 2개의 공진주파수를 가지고 있으며, 직렬공진에서는 수정진동자는 저항성으로 임피이던스는 최소, 전류 흐름은 최대가 되고, 병렬공진에서는 유도성 리액턴스가 되어 임피던스는 최대, 전류 흐름은 최소가 된다. 그리고 수동진동자에서 고려할 파라미터로 구동 전력 레벨이 있으며, 이는 수정 진동자가 소비하

는 전력을 말하며 [mW]또는 [μW]로 주어지고 보통 100[μW]이다.

사용기기 및 부품

· 논리실험장치(Digital Logic Lab. Unit)
· 오실로스코프(CRO)
· 직류전원 공급장치(DC POWER SUPPLY)
· 커패시터   0.1[μF] (메탈릭) 1개
           0.1[μF] (마일러) 1개
           22[μF] (메탈릭) 2개
           22[μF] (세라믹) 2개
· 저항   820[Ω]   2개
           20[kΩ]   1개
           100[kΩ]   1개
           6.8[kΩ]   1개
           8.2[kΩ]   1개
· 수정진동자 4.096[MHz] (Sunny C_L=20[pF])
· IC MC14069(CMOS NOT Gate)
· IC 74LS14(TTL Schmitter NOT Gate)
· IC NE555(Timer)

실험과정

1. CMOS 클럭발생 회로(비안정 멀티바이브레이터)

(1) MC14069 CMOS NOT 게이트의 임계전압 V_{TH}를 측정한 다음, 그림 18-1의 회로를 구성하고 출력파형을 오실로스코프로 관측하여 표 18-1을 완성 하시오.
   단, V_{DD} = +5[V], V_{SS} = 0[V]이다.

   임계치 전압 V_{TH} : _____[V]

표 18-1 그림 18-1의 실험 결과

R$_1$	R$_2$	C	계산 T	측정 T	오차[%]
20[kΩ]	6.8[kΩ]	마일러 0.1[μF]			
20[kΩ]	6.8[kΩ]	메탈릭 0.1[μF]			
20[kΩ]	8.2[kΩ]	마일러 0.1[μF]			
20[kΩ]	8.2[kΩ]	메탈릭 0.1[μF]			

(2) R$_1$ = 20[kΩ], R$_2$ = 4.7[kΩ] 및 C = 0.1[μF]로 할 경우에 C를 마일러 또는 메탈릭으로 사용하였을 때의 파형을 오실로스코프를 사용하여 R$_2$ 양단의 파형 및 출력파형을 그리시오.

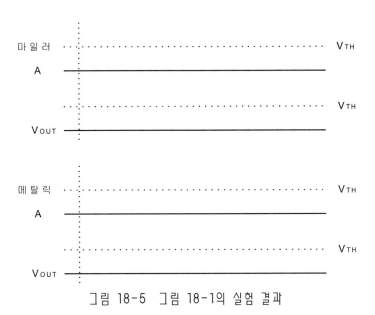

그림 18-5 그림 18-1의 실험 결과

2. NE555 타이머 IC

(1) 그림 18-2의 회로를 구성하고, 출력 파형을 오실로스코프로 관측하여 표 18-2를 완성하시오. 단, V$_{CC}$ = +5[V], Ground = 0[V]이다.

표 18-2 그림 18-2의 실험 결과

R_A	R_B	C	계산[ms]			측정[ms]			오차[%]		
20[kΩ]	6.8[kΩ]	마일러 0.1[μF]	T_1	T_2	D	T_1	T_2	D	T_1	T_2	D
20[kΩ]	6.8[kΩ]	메탈릭 0.1[μF]									
20[kΩ]	8.2[kΩ]	마일러 0.1[μF]									
20[kΩ]	8.2[kΩ]	메탈릭 0.1[μF]									

(2) R_1 = 20[kΩ], R_2 = 6.8[kΩ] 및 C = 0.1[μF]로 할 경우에 C를 마일러 또는 메탈릭으로 사용하였을 때의 파형을 오실로스코프를 사용하여 각 점에서의 파형 및 출력파형을 그림 18-6에 그리시오.

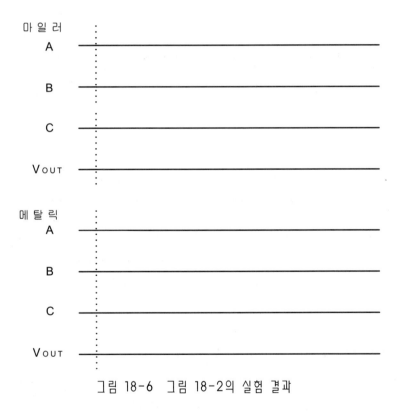

그림 18-6 그림 18-2의 실험 결과

3. 수정진동자 클럭 발생기

(1) 그림 18-3의 병렬공진 수정발진기 회로를 구성한 다음, 발진주파수 및 각 점에서의

파형을 오실로스코프로 관측하고 표 18-3 및 그림 18-7에 그 결과를 작성하시오.
단, R_1 = 100[kΩ], C_{L1} = C_{L2} = 20[pF], V_{DD} = +5[V], V_{SS} = 0[V]이다.

표 18-3 그림 18-3의 실험 결과

R_1	C_{L1}, C_{L2}	발진주파수	Duty cycle
100[kΩ]	세라믹 20[μF]	[Hz]	[%]
100[kΩ]	메탈릭 20[μF]	[Hz]	[%]

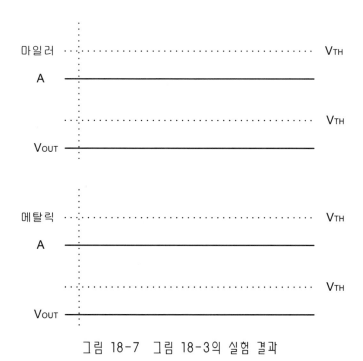

그림 18-7 그림 18-3의 실험 결과

♥ NOTE ♥

⌘ 실험 18. 실험 결과 보고서 ⌘

실험제목 :	일 자 :	실험조 :
학 번 :	성 명 :	

1. 실험 결과

1)

표 18-1 그림 18-1의 실험 결과

R₁	R₂	C	계산 T	측정 T	오차[%]
20[kΩ]	6.8[kΩ]	마일러 0.1[μF]			
20[kΩ]	6.8[kΩ]	메탈릭 0.1[μF]			
20[kΩ]	8.2[kΩ]	마일러 0.1[μF]			
20[kΩ]	8.2[kΩ]	메탈릭 0.1[μF]			

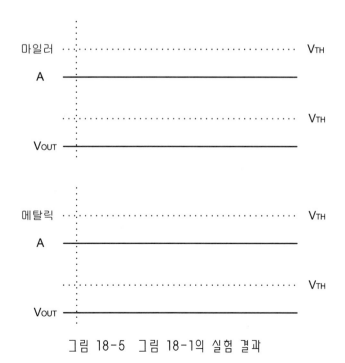

그림 18-5 그림 18-1의 실험 결과

2)

표 18-2 그림 18-2의 실험 결과

R_A	R_B	C	계산[ms]			측정[ms]			오차[%]		
			T_1	T_2	D	T_1	T_2	D	T_1	T_2	D
20[kΩ]	6.8[kΩ]	마일러 0.1[μF]									
20[kΩ]	6.8[kΩ]	메탈릭 0.1[μF]									
20[kΩ]	8.2[kΩ]	마일러 0.1[μF]									
20[kΩ]	8.2[kΩ]	메탈릭 0.1[μF]									

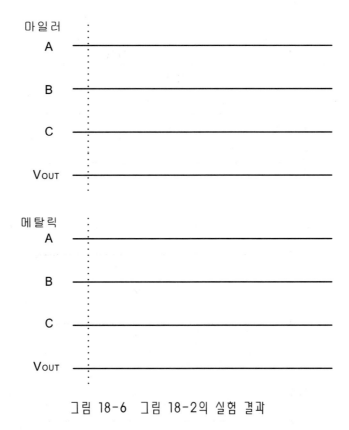

그림 18-6 그림 18-2의 실험 결과

3)

표 18-3 그림 18-3의 실험 결과

R₁	C_{L1}, C_{L2}	발진주파수	Duty cycle
100[kΩ]	세라믹 20[μF]	[Hz]	[%]
100[kΩ]	메탈릭 20[μF]	[Hz]	[%]

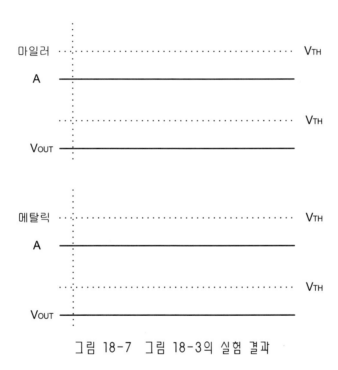

그림 18-7 그림 18-3의 실험 결과

2. 실험 결과 고찰

(1) 클럭 발생 회로의 종류를 기술하시오.

(2) 듀티 사이클(Duty cycle)에 관하여 기술하시오.

(3) 555 타이머 IC 회로에서 출력 펄스의 주기 T_{high}, T_{low}, T와 듀티 사이클 D, 주파수 f의 계산식을 작성하시오.

(4) 비안정 멀티바이브레이터를 수정 발진자를 이용하지 않고 555 타이머 IC를 이용하여 회로를 구성할 경우 장·단점을 기술하시오.

(5) 555 타이머 IC 회로에서 출력주파수와 duty cycle의 계산치와 측정치는 일치하는가?

실험 19 | A/D 변환기 (A/D Converter)

🔲 실험 목적

A/D(아날로그 신호 → 디지털 신호) 변환기의 구조와 동작 원리를 이해하고, 기본적인 A/D 변환기의 실험을 통하여 A/D 변환기의 특성을 확인한다.

🔲 이 론

디지털 시스템과 아날로그 시스템 사이의 인터페이스를 위해서는 두 가지의 기본 변환이 필요하다. 그것은 아날로그에서 디지털로의 변환(A/D)과 디지털에서 아날로그(D/A)로의 변환이다. A/D변환은 아날로그 입력을 이에 대응하는 디지털 코드로 변환하는 과정이고, D/A 변환은 디지털 입력을 이에 비례하는 아날로그의 전압이나 전류로 바꿔주는 과정이다.

대부분의 자연계에 존재하는 신호들은 시간에 연속적으로 변화(아날로그 신호)한다. 이러한 신호들을 디지털 장비(컴퓨터 등)에서 수집, 연산, 기록 및 제어 등을 하기 위해서는 신호의 디지털 변화가 필수적이다. 디지털 신호란 일정한 시간 동안 연속적인 신호를 유지 및 수집하여 2진수로 변환된 신호를 말하며, 이러한 일련의 과정을 A/D변환이라 한다. 예를 들어 온도, 압력, 풍속 등을 센서가 감지하여 해당 물리적인 양에 상응된 저항 또는 전압으로 출력하게 된다.

그림 19-1은 4비트 분해능 A/D변환기의 블록도를 보여주는 것으로 분해정도는 비트에 관련된다. 4비트 A/D변환기의 경우 아날로그 신호가 0~5[V]까지 입력된다면 $2^4 = 16$ 단계로 분해한다는 의미다. 즉, 분해정도는 $5[V]/2^4 = 0.3125[V]$이므로 입력 0~0.3125[V]는 2진수 1이 출력된다.

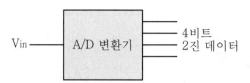

그림 19-1 4비트 A/D 변환기의 블록도

1. 병렬 비교기형 A/D 변환기

A/D 변환기에는 병렬 비교기형, 단 경사형, 쌍 경사형, 디지털 램프형, 연속 근사형 등의 종류가 있으나, A/D 변환기의 근본적인 원리를 이해하기 위하여 그림 19-2와 같은 병렬 비교기형에 대하여 알아보자. 병렬 비교기형 A/D 변환기는 입력된 전압을 분해 비트 수만큼의 전압 비교기(Comparator)의 TTL 레벨 출력("HIGH" 또는 "LOW")이다.

그림 19-2에서 외부에서 인가한 기준 전압 V_{REF} = +4[V]일 때, 각 비교기의 (−) 단자의 전압은 전압분배 법칙에 의해 그림 19-2에 표시한 바와 같다. 표 17-1은 입력 전압이 0[V]~4[V] 범위일 때 병렬 비교기형 A/D 변환기의 출력표이다.

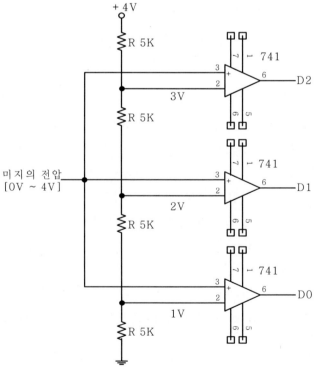

그림 19-2 병렬 비교기형 A/D 변환기

표 19-1 병렬 비교기형 A/D 변환기의 출력

입력 전압[V]	비교기 출력		
	D0	D1	D2
0 ~ 1	0	0	
1 ~ 2	1	0	0
2 ~ 3	1	1	0
3 ~ 4	1	1	1

2. 디지털 램프 A/D 변환기

A/D 변환기는 아날로그 입력을 이에 대응하는 디지털 코드로 변환한다. A/D 변환은 D/A변환에 비해 많은 단계를 거쳐야 하므로 변환과정이 복잡하고 더 많은 시간이 소요된다. 여러 형태의 A/D 변환기들은 회로의 일부로 D/A 변환기를 사용한다. 디지털 램프 A/D 변환기는 D/A 변환기와 2진 카운터로 구성되며, D/A 변환기의 출력 파형이 조금씩 경사를 이루면서 미지의 입력 전압에 근접하므로 디지털 램프 A/D 변환기라 한다.

그림 19-3은 디지털 램프 A/D 변환기이다.

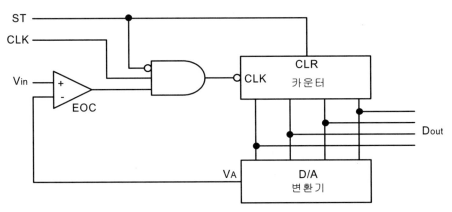

그림 19-3 디지털 램프 A/D 변환기

ST를 HIGH로 하여 카운터를 클리어하면 D/A 변환기의 출력 $V_A = 0$이 된다. $V_{in} > V_A$이기 때문에 비교기의 출력 EOC는 HIGH가 된다. ST가 LOW가 되면 AND 게이트가 인에이블 되고, 클럭 펄스가 인가되어 카운터의 상태가 증가함에 따라 V_A는 한 단계씩 증가한다. V_A가 V_{in}을 초과하는 단계에 이를 때 EOC는 LOW가 되면서 AND 게이트가 디스에이블 되고, 클럭 펄스의 공급이 중단되므로 카운터의 동작이 멈추게 된다. 이로써 변환과정은 완료되고 카운터에 저장되어 있는 2진수는 V_{in}의 디지털값을 나타낸다. 디지털 램프 A/D 변환기에 최대 입력이 인가될 때 카운터는 최대 상태까지의 연속된 단계를 거쳐야 하기 때문에 빠르게 변하는 아날로그 신호에 대해 A/D 변환을 수행해야 하는 응용 분야에는 적합하지 않지만, 저속의 변환에서는 다른 A/D 변환기보다 유용하게 사용될 수 있다. 이 변환기의 변환시간은 아날로그 입력에 따라 달라진다.

3. 연속 근사형 A/D 변환기

연속 근사 A/D 변환기는 가장 널리 사용되는 A/D 변환기 중의 하나로서, 디지털 램프 A/D 변환기에 비해 회로의 구성은 더 복잡하나, 변환시간이 짧으며 아날로그 입력에 관계없이 변환시간이 일정하다.

그림 19-4는 연속 근사 A/D 변환기이다.

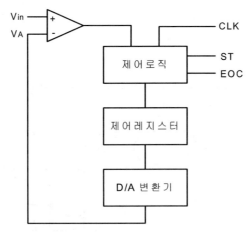

그림 19-4 연속 근사 A/D 변환기

이 변환기는 디지털 램프 A/D 변환기의 구성과 비슷하지만 D/A 변환기에 입력을 인가하기 위해 카운터 대신 레지스터를 사용한다는 점이 다르다. 변환기의 제어로직은 레지스터의 내용이 아날로그 입력 V_{in}에 대해 변환기의 분해능보다 작은 오차를 가지는 디지털 값이 될 때까지 최상위 비트에서 시작하여 1비트씩 1로 세트하면서 레지스터의 내용을 변경한다. 각 비트가 1로 세트될 때마다 비교기는 V_{in}과 V_A를 비교하여 V_A가 V_{in}보다 크면 비교기의 출력이 LOW가 되어 레지스터의 해당 비트를 리셋 시키고, V_A가 V_{in}보다 작으면 비교기의 출력은 HIGH가 되고 레지스터의 해당 비트는 1을 유지하게 된다. 레지스터의 모든 비트들에 대해 수행되면 변환은 끝나게 되고 제어논리는 V_{in}의 디지털값이 레지스터 내에 저장되어 있다는 것을 알리기 위해 EOC 신호를 출력한다. 예로서 $V_{in} = 10.4\,V$에 대한 디지털 출력은 1010이 된다. 출력이 1010=10[V]로 아날로그 입력보다 작은 것이 연속 근사 변환방법의 특징이다. 연속 근사 A/D 변환기는 상대적으로 변환 속도가 빠르기 때문에 빠르게 변하는 아날로그신호에 대한 데이터 획득을 요구하는 응용 분야에서 유용하게 사용될 수 있다.

 ## 사용기기 및 부품

- 논리회로실험장치
- 오실로스코프
- 전원공급기
- 저주파 신호발생기
- IC : μA741, 7404, 7411, 74393
- 스위치 : DIP 4P, 3P 슬라이드
- LED : 황색, 적색, 녹색, 백색
- 저항 : 330Ω, 1kΩ, 4.7kΩ, 10kΩ, 20kΩ, 40kΩ, 80kΩ

 ## 실험과정

(1) 그림 19-5는 4비트 병렬 비교형 A/D 변환기의 회로이다. 이 회로를 구성하고, 주어진 입력에 대한 LED의 점등 상태를 관측하여 표 19-2에 작성하시오.

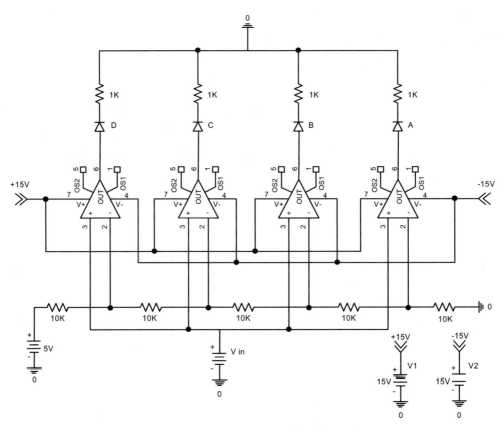

그림 19-5 4비트 병렬 비교기형 A/D 변환기

표 19-2 4비트 병렬 비교기형 A/D 변환기 출력

V_{in}	A	B	C	D
0.5				
1.2				
1.7				
2.3				
2.8				
3.4				
3.8				
4.1				
4.5				

(2) 그림 19-6은 디지털 램프 A/D 변환기의 회로이다. 이 회로를 구성하고, 주어진 입력에 대한 LED의 점등 상태를 확인하여 표 19-3에 기록하시오. 스위치 ST에는 3P

슬라이드 스위치를 사용하고, 실험 시작 전에 ST를 'High'로 한 후 다시 'Low'로
하여 카운터를 리셋시킨 후 실험한다.

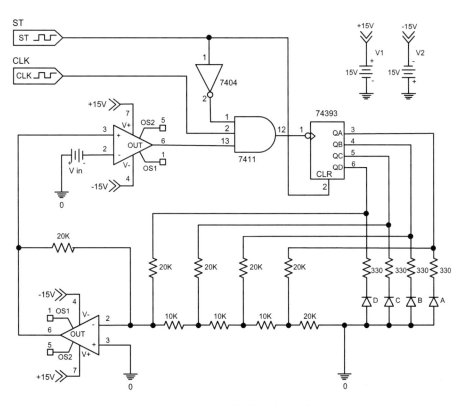

그림 19-6 디지털 램프 A/D 변환기

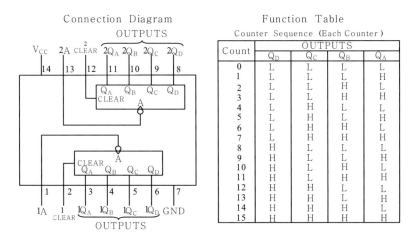

Count	OUTPUTS			
	Q_D	Q_C	Q_B	Q_A
0	L	L	L	L
1	L	L	L	H
2	L	L	H	L
3	L	L	H	H
4	L	H	L	L
5	L	H	L	H
6	L	H	H	L
7	L	H	H	H
8	H	L	L	L
9	H	L	L	H
10	H	L	H	L
11	H	L	H	H
12	H	H	L	L
13	H	H	L	H
14	H	H	H	L
15	H	H	H	H

그림 19-7 74LS393(Dual 4-bit Binary Counter) 판배치도 및 진리표

표 19-3 디지털 램프 A/D 변환기 출력

V_{in}	A	B	C	D
0				
−1				
−2				
−3				
−4				
−5				
−6				
−7				
−8				
−9				

⌘ 실험 19. 실험 결과 보고서 ⌘

실험제목 :	일 자 :	실험조 :
학 번 :	성 명 :	

1. 실험 결과

1)

표 19-2 4비트 병렬 비교기형 A/D 변환기 출력

V_{in}	A	B	C	D
0.5				
1.2				
1.7				
2.3				
2.8				
3.4				
3.8				
4.1				
4.5				

2)

표 19-3 디지털 램프 A/D 변환기 출력

V_{in}	A	B	C	D
0				
−1				
−2				
−3				
−4				
−5				
−6				
−7				
−8				
−9				

2. 실험 결과 고찰

(1) A/D 변환기에 대하여 설명하시오.

(2) A/D 변환기의 종류에 대하여 설명하시오.

(3) 연산증폭기(OP-Amp)에 대하여 설명하시오.

(4) 반전 증폭 회로에 대하여 설명하시오.

(5) 디지털 램프 A/D 변환기의 동작 과정을 설명하시오.

♥ NOTE ♥

실험 20 D/A 변환기 (D/A Converter)

실험 목적

D/A(디지털 신호 → 아날로그 신호)변환기의 구조와 동작 원리를 이해하고, 기본적인 D/A 변환기의 실험을 통하여 D/A 변환기의 특성을 확인한다.

이 론

디지털 제어기의 의해 처리된 디지털 데이터는 액튜에이터 등을 동작시키기 위해 아날로그 신호로 변환이 요구되는데, 이러한 변환 작업을 D/A 변환이라 하고 이를 수행하는 논리회로를 D/A 변환기라 한다.

1. 2진 가중 입력 D/A변환기

D/A 변환 방법에는 여러 가지가 있는데 그 중 간단한 것은 디지털 입력 비트의 2진 가중치를 나타내는 저항을 사용하는 2진 가중 입력 D/A 변환이다.

그림 20-1은 사다리 회로(ladder)와 연산 증폭기(OP-Amp)로 이루어진 4비트 2진 가중 입력 D/A변환기이다. 입력 전압 가중치의 합을 만들어내기 위해 가산 증폭기의 역할을 수행하는 연산 증폭기가 사용되었다. D0단자에 "HIGH"(5[V])가 인가되면 R0와 R에 의해 증폭비가 결정되어 해당 전압을 출력한다. 연산 증폭기(OP-Amp)의 부 입력단자에 신호가 인가되어 신호가 반전 증폭되므로 출력된 전압은 부 전압(-V)이다. 부 전압을 정전압으로 변환하기 위해서 연산 증폭기를 비반전 증폭 회로로 구성하는 방법이 있다.

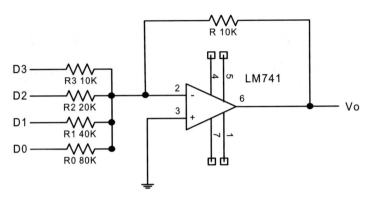

그림 20-1 4비트 D/A 변환기

D0에 "HIGH"가 인가되면 $Vo = -\dfrac{R}{R0} \times V_{IN} = -0.625[V]$가 출력된다.

D1에 "HIGH"가 인가되면 $Vo = -\dfrac{R}{R1} \times V_{IN} = -1.250[V]$가 출력된다.

D2에 "HIGH"가 인가되면 $Vo = -\dfrac{R}{R2} \times V_{IN} = -2.500[V]$가 출력된다.

D3에 "HIGH"가 인가되면 $Vo = -\dfrac{R}{R3} \times V_{IN} = -5.000[V]$기 출력된다.

가산 증폭기의 출력은 디지털 입력 가중치의 합을 나타내는 아날로그 전압이다. 디지털 입력이 "1010"이면 $V_D = V_B = 5V, V_C = V_A = 0V$이므로

$$
\begin{aligned}
V_{OUT} &= -\left(5V + 0V + \frac{1}{4} \times 5V + 0V\right) \\
&= -6.25V
\end{aligned}
$$

표 20-1에서 디지털 출력이 "1001"이면, D0 및 D3이 "HIGH"가 되어 아날로그 출력은 -5.625[V]가 된다.

이 변환기의 분해능은 최하위 비트의 가중치 1/8×5[V]=0.625[V]와 같으며, 아날로그 출력은 2진 입력이 증가함에 따라 0.625[V]씩 증가한다. 이러한 형태의 변환기의 단점은 최상위 비트와 최하위 비트 사이의 저항 값의 차이가 큰 것인데, 이는 특히 분해능이 높은 D/A변환기일 경우 더욱 그러하다. 예를 들어 12비트 D/A 변환기의 최상위 비트 저항이 1kΩ이라면 최하위 비트 저항은 2MΩ이 넘게 되는데, 현재의 직접회로 제조 기술로는 이와 같이 넓은 영역에 걸쳐 정확한 비율을 유지하는 저항을 만들어 내기는 매우 어렵다.

표 20-1 4비트 가중 입력 D/A 변환기의 진리표

입　　력				출　력
D3	D2	D1	D0	Vo[V]
0	0	0	0	0
0	0	0	1	−0.625
0	0	1	0	−1.250
0	0	1	1	−1.875
0	1	0	0	−2.500
0	1	0	1	−3.125
0	1	1	0	−3.750
0	1	1	1	−4.375
1	0	0	0	−5.000
1	0	0	1	−5.625
1	0	1	0	−6.250
1	0	1	1	−6.875
1	1	0	0	−7.500
1	1	0	1	−8.125
1	1	1	0	−8.750
1	1	1	1	−9.375

2. R/2R 사다리형 D/A변환기

2진 가중 입력 D/A 변환기의 문제점을 해결하기 위한 다른 형태의 D/A 변환기로는 R/2R 사다리형 D/A 변환기가 있다.

그림 20-2는 R/2R 사다리형 D/A 변환기이다.

이 변환기에는 단지 R과 2R의 두 가지 저항만이 사용된다. 2진 입력 A~D에 의해 전류값이 결정되며, 이 전류는 V_{out}을 출력시키기 위해 전류–전압 변환 연산 증폭기를 통과하게 된다.

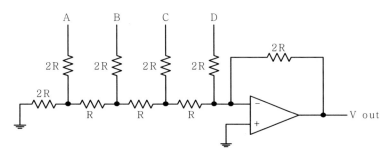

그림 20-2 R/2R 사다리형 D/A 변환기

출력 V_{out} 은

$$V_{out} = \frac{-V_{REF}}{8} \times B$$

이며, 여기서 B는 4비트의 2진수이다.

$V_{REF} = 5V$ 이고, B = 1111일 때

$$V_{out} = \frac{-5V}{8} \times 15$$

$$= -9.375V$$

3. DAC 0800 사용 예

그림 20-3은 8비트의 전용 D/A 변환기(DAC 0800)의 사용 예를 보여준다. 입력된 디지털 2진수 값에 따라 그에 상응하는 전류가 IC 4핀을 통하여 출력되어 전류-전압 변환용 OP - Amp를 통하여 아날로그 신호를 얻는다. 상응관계는 기준 정 전압(14핀)과 기준 부 전압(15핀) 그리고 저항 등의 값에 따라 결정된다.

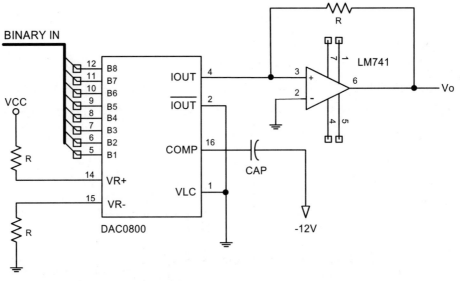

그림 20-3 8비트 D/A 변환기

DA 변환기의 성능특성

1. 분해능(Resolution)

D/A변환기의 분해능이란 받아들일 수 있는 비트수를 의미하며 입력 비트의 수에 좌우된다 예를 들어 8비트의 D/A 변환기의 분해능은 $\frac{1}{2^8-1} = \frac{1}{255}$ 이며 8비트가 가지고 있는 이산 단계의 총 수는 8비트의 변위가 0에서 255까지의 단계를 가지므로 $2^8 - 1 = 255$ 이다.

2. 정확도(Accuracy)

D/A 변환기의 정확도는 기대되어지는 변환기의 출력과 실제 D/A 변환기의 출력을 비교한 것으로 이상적인 경우 정확도는 LSB의 $\pm\frac{1}{2}$ 보다 크지 않아야 한다.

3. 선형성(linearity)

이상적인 D/A 변환기에서는 디지털 입력의 수치 크기에 비례하여 아날로그 출력이 증대한다. 그러나 실제의 D/A 변환기에서는 오차가 존재하며 오차는 $\pm\frac{1}{2}$ LSB 보다 작아야 한다.

4. 단조성(monotonicity)

D/A 변환기의 입력 비트가 전체 범위에서 연속적으로 변할 때 출력도 동일한 모양으로 변하면 단조성이 있다고 한다.

5. 정정시간(setting time)

입력 코드가 변화될 때 D/A 변환기의 출력이 최종값의 $\pm\frac{1}{2}$ LSB 이내로 안정되는 데 소용되는 시간을 의미한다.

사용기기 및 부품

- 오실로스코프
- 직류전원장치
- DIP 스위치(DIP – 4, DIP – 8)
- 저항 330Ω, 4.7kΩ, 5kΩ, 10kΩ, 20kΩ, 40kΩ, 80kΩ
- 가변저항 20kΩ
- 어레이 저항 9× 472G
- LED
- LM741(OP AMP)
- IC DAC0800(8bit D/A Converter)

실험과정

(1) 그림 20-4와 같이 4비트 D/A 변환기를 구성하고, 4개의 스위치로 "HIGH" 또는 "LOW"를 입력시킬 때, 아날로그 출력을 표 20-2에 기록하시오. (입력이 "0000"에서 가변 저항기를 조절하여 출력 전압(Vo)을 0[V]로 조정한 후 실험하시오.)

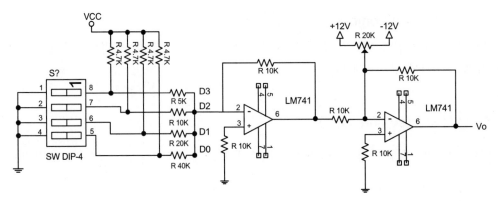

그림 20-4 4비트 D/A 변환기 실험 회로

표 20-2 4비트 D/A 변환기 실험 결과

입 력				출 력
D3	D2	D1	D0	Vo[V]
0	0	0	0	
0	0	0	1	
0	0	1	0	
0	0	1	1	
0	1	0	0	
0	1	0	1	
0	1	1	0	
0	1	1	1	
1	0	0	0	
1	0	0	1	
1	0	1	0	
1	0	1	1	
1	1	0	0	
1	1	0	1	
1	1	1	0	
1	1	1	1	

(2) 그림 20-5와 같이 8비트 D/A 변환기를 구성하고, 8개의 스위치로 "HIGH" 또는 "LOW"를 입력시킬 때 아날로그 출력을 표 20-3에 기록하시오.

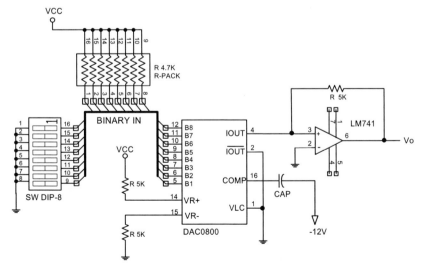

그림 20-5 8비트 D/A 변환기 실험 회로

표 20-3 8비트 D/A 변환기 실험 결과

입 력								출 력
D7	D6	D5	D4	D3	D2	D1	D0	Vo[V]
0	0	0	0	0	0	0	0	
0	0	0	0	0	1	1	1	
0	0	0	1	1	0	0	1	
0	1	0	1	1	1	1	1	
0	1	1	1	0	0	0	0	
1	0	0	0	1	0	1	1	
1	0	1	1	0	1	0	0	
1	1	1	0	0	0	1	1	
1	1	1	1	1	1	0	1	
1	1	1	1	1	1	1	1	

⌘ 실험 20. 실험 결과 보고서 ⌘

실험제목 :		일 자 :	실험조 :
학 번 :		성 명 :	

1. 실험 결과

1)

표 20-2 4비트 D/A 변환기 실험 결과

입 력				출 력
D3	D2	D1	D0	Vo[V]
0	0	0	0	
0	0	0	1	
0	0	1	0	
0	0	1	1	
0	1	0	0	
0	1	0	1	
0	1	1	0	
0	1	1	1	
1	0	0	0	
1	0	0	1	
1	0	1	0	
1	0	1	1	
1	1	0	0	
1	1	0	1	
1	1	1	0	
1	1	1	1	

2)

표 20-3 8비트 D/A 변환기 실험 결과

입 력								출 력
D7	D6	D5	D4	D3	D2	D1	D0	Vo[V]
0	0	0	0	0	0	0	0	
0	0	0	0	0	1	1	1	
0	0	0	1	1	0	0	1	
0	1	0	1	1	1	1	1	
0	1	1	1	0	0	0	0	
1	0	0	0	1	0	1	1	
1	0	1	1	0	1	0	0	
1	1	1	0	0	0	1	1	
1	1	1	1	1	1	0	1	
1	1	1	1	1	1	1	1	

2. 실험 결과 고찰

(1) D/A 변환기에 대하여 설명하시오.

(2) D/A 변환기의 종류에 대하여 설명하시오.

(3) D/A 변환기의 분해능에 대해서 설명하시오.

(4) 아날로그 입력 V_{in}이 D/A 변환기의 최대치보다 크게 될 때의 디지털 램프 A/D 변환기의 동작에 대해서 설명하시오.

(5) DAC 0800을 이용하여 8비트 D/A 변환기 회로를 설계하시오.

♥ NOTE ♥

부록

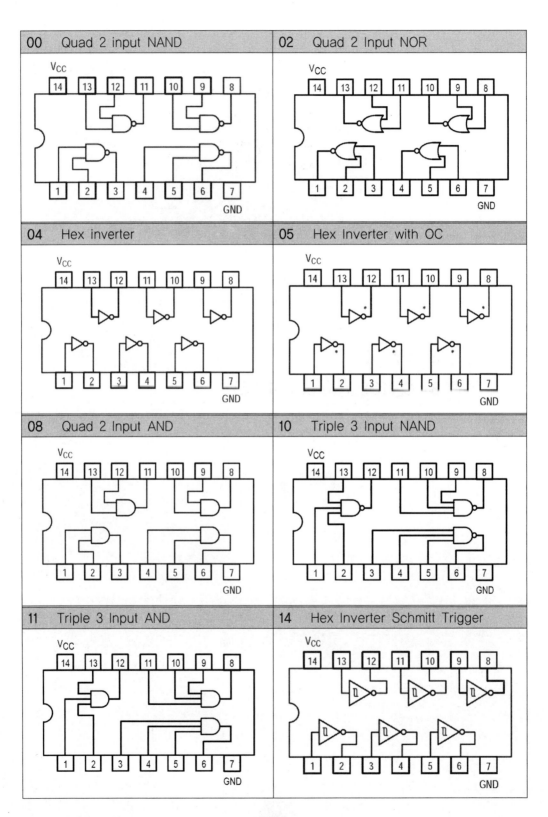

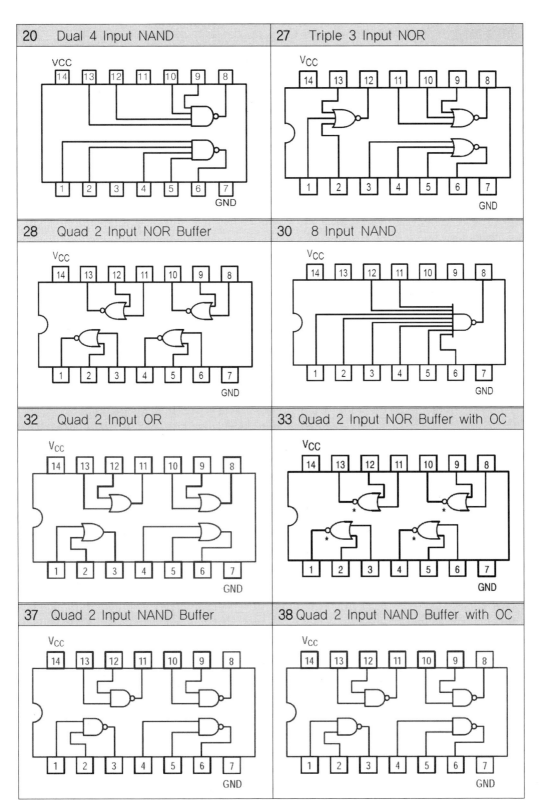

20	Dual 4 Input NAND	27	Triple 3 Input NOR
28	Quad 2 Input NOR Buffer	30	8 Input NAND
32	Quad 2 Input OR	33	Quad 2 Input NOR Buffer with OC
37	Quad 2 Input NAND Buffer	38	Quad 2 Input NAND Buffer with OC

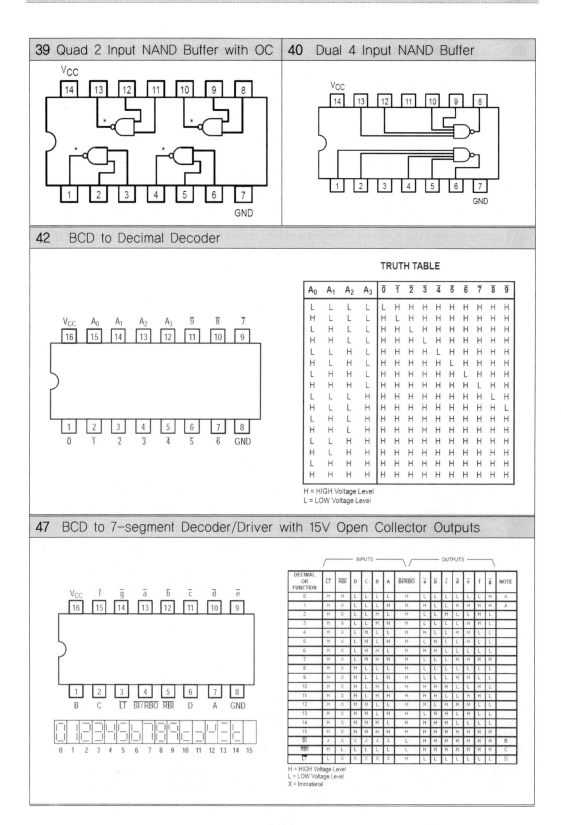

39 Quad 2 Input NAND Buffer with OC

40 Dual 4 Input NAND Buffer

42 BCD to Decimal Decoder

TRUTH TABLE

A_0	A_1	A_2	A_3	$\bar{0}$	$\bar{1}$	$\bar{2}$	$\bar{3}$	$\bar{4}$	$\bar{5}$	$\bar{6}$	$\bar{7}$	$\bar{8}$	$\bar{9}$
L	L	L	L	L	H	H	H	H	H	H	H	H	H
H	L	L	L	H	L	H	H	H	H	H	H	H	H
L	H	L	L	H	H	L	H	H	H	H	H	H	H
H	H	L	L	H	H	H	L	H	H	H	H	H	H
L	L	H	L	H	H	H	H	L	H	H	H	H	H
H	L	H	L	H	H	H	H	H	L	H	H	H	H
L	H	H	L	H	H	H	H	H	H	L	H	H	H
H	H	H	L	H	H	H	H	H	H	H	L	H	H
L	L	L	H	H	H	H	H	H	H	H	H	L	H
H	L	L	H	H	H	H	H	H	H	H	H	H	L
L	H	L	H	H	H	H	H	H	H	H	H	H	H
H	H	L	H	H	H	H	H	H	H	H	H	H	H
L	L	H	H	H	H	H	H	H	H	H	H	H	H
H	L	H	H	H	H	H	H	H	H	H	H	H	H
L	H	H	H	H	H	H	H	H	H	H	H	H	H
H	H	H	H	H	H	H	H	H	H	H	H	H	H

H = HIGH Voltage Level
L = LOW Voltage Level

47 BCD to 7-segment Decoder/Driver with 15V Open Collector Outputs

DECIMAL OR FUNCTION	INPUTS						OUTPUTS							NOTE
	$\overline{LT}$	$\overline{RBI}$	D	C	B	A	$\overline{BI/RBO}$	$\bar{a}$	$\bar{b}$	$\bar{c}$	$\bar{d}$	$\bar{e}$	$\bar{f}$	$\bar{g}$	
0	H	H	L	L	L	L	H	L	L	L	L	L	L	H	A
1	H	X	L	L	L	H	H	H	L	L	H	H	H	H	A
2	H	X	L	L	H	L	H	L	L	H	L	L	H	L	
3	H	X	L	L	H	H	H	L	L	L	L	H	H	L	
4	H	X	L	H	L	L	H	H	L	L	H	H	L	L	
5	H	X	L	H	L	H	H	L	H	L	L	H	L	L	
6	H	X	L	H	H	L	H	H	H	L	L	L	L	L	
7	H	X	L	H	H	H	H	L	L	L	H	H	H	H	
8	H	X	H	L	L	L	H	L	L	L	L	L	L	L	
9	H	X	H	L	L	H	H	L	L	L	H	H	L	L	
10	H	X	H	L	H	L	H	H	H	H	L	L	H	L	
11	H	X	H	L	H	H	H	H	H	L	L	H	H	L	
12	H	X	H	H	L	L	H	H	L	H	H	H	L	L	
13	H	X	H	H	L	H	H	L	H	H	L	H	L	L	
14	H	X	H	H	H	L	H	H	H	H	L	L	L	L	
15	H	X	H	H	H	H	H	H	H	H	H	H	H	H	
$\overline{BI}$	X	X	X	X	X	X	L	H	H	H	H	H	H	H	B
$\overline{RBI}$	H	L	L	L	L	L	L	H	H	H	H	H	H	H	C
$\overline{LT}$	L	X	X	X	X	X	H	L	L	L	L	L	L	L	D

H = HIGH Voltage Level
L = LOW Voltage Level
X = Immaterial

0 1 2 3 4 5 6 7 8 9 10 11 12 13 14 15

48   BCD to 7-segment Decoder/Driver with Internal Pullups

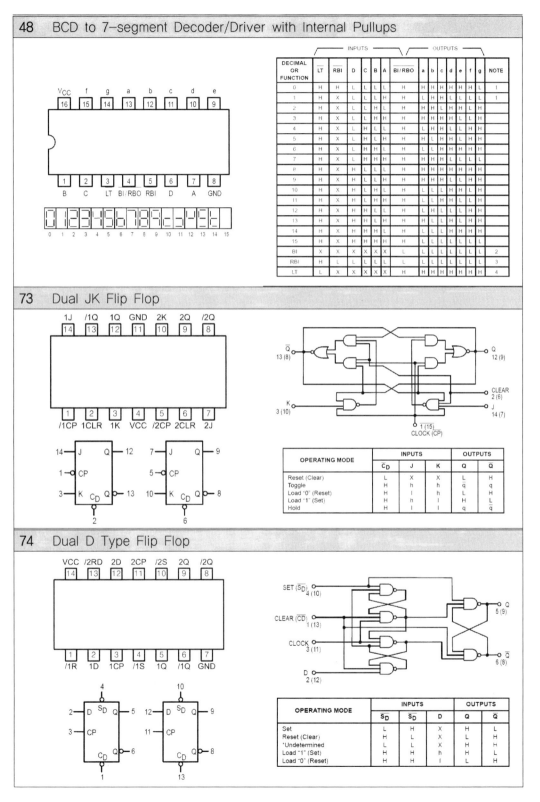

Pin assignment (DIP 16):
- Top: Vcc(16) f(15) g(14) a(13) b(12) c(11) d(10) e(9)
- Bottom: B(1) C(2) LT(3) BI/RBO(4) RBI(5) D(6) A(7) GND(8)

| | INPUTS | | | | | | | OUTPUTS | | | | | | | |
DECIMAL OR FUNCTION	LT	RBI	D	C	B	A	BI/RBO	a	b	c	d	e	f	g	NOTE
0	H	H	L	L	L	L	H	H	H	H	H	H	H	L	1
1	H	X	L	L	L	H	H	L	H	H	L	L	L	L	1
2	H	X	L	L	H	L	H	H	H	L	H	H	L	H	
3	H	X	L	L	H	H	H	H	H	H	H	L	L	H	
4	H	X	L	H	L	L	H	L	H	H	L	L	H	H	
5	H	X	L	H	L	H	H	H	L	H	H	L	H	H	
6	H	X	L	H	H	L	H	L	L	H	H	H	H	H	
7	H	X	L	H	H	H	H	H	H	H	L	L	L	L	
8	H	X	H	L	L	L	H	H	H	H	H	H	H	H	
9	H	X	H	L	L	H	H	H	H	H	H	L	H	H	
10	H	X	H	L	H	L	H	L	L	L	H	H	L	H	
11	H	X	H	L	H	H	H	L	L	H	H	L	L	H	
12	H	X	H	H	L	L	H	L	H	L	L	L	H	H	
13	H	X	H	H	L	H	H	H	L	L	H	L	H	H	
14	H	X	H	H	H	L	H	L	L	L	H	H	H	H	
15	H	X	H	H	H	H	H	L	L	L	L	L	L	L	
BI	X	X	X	X	X	X	L	L	L	L	L	L	L	L	2
RBI	H	L	L	L	L	L	L	L	L	L	L	L	L	L	3
LT	L	X	X	X	X	X	H	H	H	H	H	H	H	H	4

73   Dual JK Flip Flop

Pin assignment (DIP 14):
- Top: 1J(14) /1Q(13) 1Q(12) GND(11) 2K(10) 2Q(9) /2Q(8)
- Bottom: /1CP(1) 1CLR(2) 1K(3) VCC(4) /2CP(5) 2CLR(6) 2J(7)

OPERATING MODE	INPUTS			OUTPUTS	
	$\bar{C}_D$	J	K	Q	$\bar{Q}$
Reset (Clear)	L	X	X	L	H
Toggle	H	h	h	$\bar{q}$	q
Load "0" (Reset)	H	l	h	L	H
Load "1" (Set)	H	h	l	H	L
Hold	H	l	l	q	$\bar{q}$

74   Dual D Type Flip Flop

Pin assignment (DIP 14):
- Top: VCC(14) /2RD(13) 2D(12) 2CP(11) /2S(10) 2Q(9) /2Q(8)
- Bottom: /1R(1) 1D(2) 1CP(3) /1S(4) 1Q(5) /1Q(6) GND(7)

OPERATING MODE	INPUTS			OUTPUTS	
	$\bar{S}_D$	$\bar{S}_D$	D	Q	$\bar{Q}$
Set	L	H	X	H	L
Reset (Clear)	H	L	X	L	H
"Undetermined"	L	L	X	H	H
Load "1" (Set)	H	H	h	H	L
Load "0" (Reset)	H	H	l	L	H

76   Dual JK Flip Flop

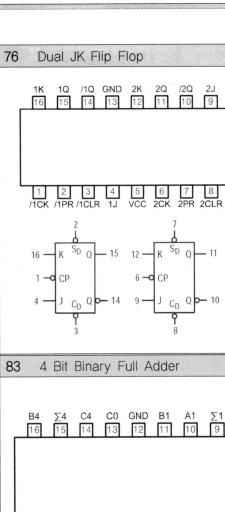

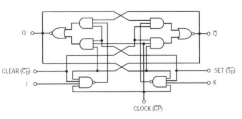

OPERATING MODE	INPUTS				OUTPUTS	
	$\overline{S}_D$	$\overline{C}_D$	J	K	Q	$\overline{Q}$
Set	L	H	X	X	H	L
Reset (Clear)	H	L	X	X	L	H
*Undetermined	L	L	X	X	H	H
Toggle	H	H	h	h	$\overline{q}$	q
Load "0" (Reset)	H	H	l	h	L	H
Load "1" (Set)	H	H	h	l	H	L
Hold	H	H	l	l	q	$\overline{q}$

83   4 Bit Binary Full Adder

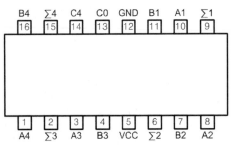

85   4 Bit Comparator

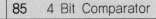

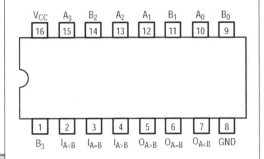

86   Quad Exclusive OR

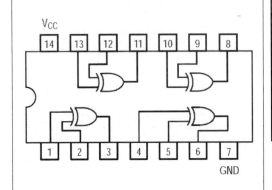

COMPARING INPUTS				CASCADING INPUTS			OUTPUTS		
A_3,B_3	A_2,B_2	A_1,B_1	A_0,B_0	$I_{A>B}$	$I_{A<B}$	$I_{A=B}$	$O_{A>B}$	$O_{A<B}$	$O_{A=B}$
$A_3>B_3$	X	X	X	X	X	X	H	L	L
$A_3<B_3$	X	X	X	X	X	X	L	H	L
$A_3=B_3$	$A_2>B_2$	X	X	X	X	X	H	L	L
$A_3=B_3$	$A_2<B_2$	X	X	X	X	X	L	H	L
$A_3=B_3$	$A_2=B_2$	$A_1>B_1$	X	X	X	X	H	L	L
$A_3=B_3$	$A_2=B_2$	$A_1<B_1$	X	X	X	X	L	H	L
$A_3=B_3$	$A_2=B_2$	$A_1=B_1$	$A_0>B_0$	X	X	X	H	L	L
$A_3=B_3$	$A_2=B_2$	$A_1=B_1$	$A_0<B_0$	X	X	X	L	H	L
$A_3=B_3$	$A_2=B_2$	$A_1=B_1$	$A_0=B_0$	H	L	L	H	L	L
$A_3=B_3$	$A_2=B_2$	$A_1=B_1$	$A_0=B_0$	L	H	L	L	H	L
$A_3=B_3$	$A_2=B_2$	$A_1=B_1$	$A_0=B_0$	X	X	H	L	L	H
$A_3=B_3$	$A_2=B_2$	$A_1=B_1$	$A_0=B_0$	H	H	L	L	L	L
$A_3=B_3$	$A_2=B_2$	$A_1=B_1$	$A_0=B_0$	L	L	L	H	H	L

90   Decade Counter

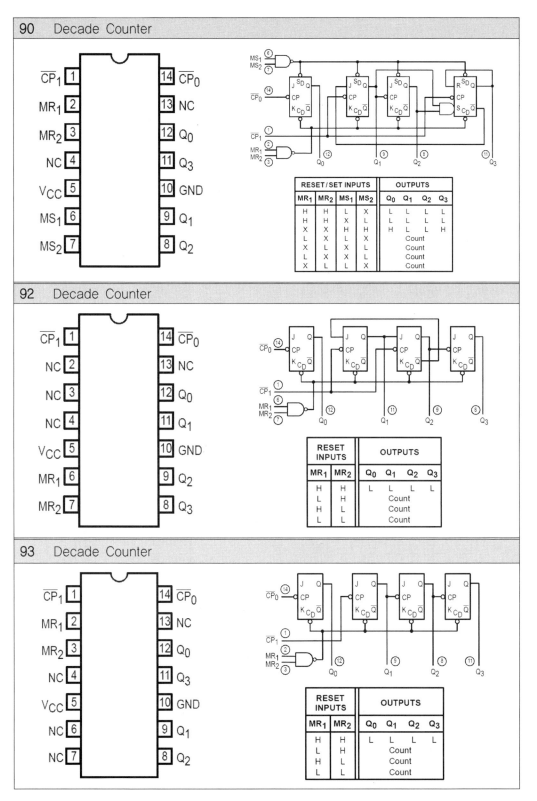

RESET/SET INPUTS				OUTPUTS			
MR₁	MR₂	MS₁	MS₂	Q₀	Q₁	Q₂	Q₃
H	H	L	X	L	L	L	L
H	H	X	L	L	L	L	L
X	X	H	H	H	L	L	H
L	X	L	X		Count		
X	L	X	L		Count		
L	X	X	L		Count		
X	L	L	X		Count		

92   Decade Counter

RESET INPUTS		OUTPUTS			
MR₁	MR₂	Q₀	Q₁	Q₂	Q₃
H	H	L	L	L	L
L	H		Count		
H	L		Count		
L	L		Count		

93   Decade Counter

RESET INPUTS		OUTPUTS			
MR₁	MR₂	Q₀	Q₁	Q₂	Q₃
H	H	L	L	L	L
L	H		Count		
H	L		Count		
L	L		Count		

95 4Bit Shift Register PIPO

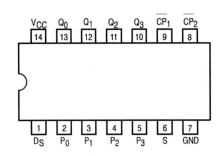

OPERATING MODE	INPUTS					OUTPUTS			
	S	CP₁	CP₂	Dₛ	Pₙ	Q₀	Q₁	Q₂	Q₃
Shift	L	⊐	X	l	X	L	q₀	q₁	q₂
	L	⊐	X	h	X	H	q₀	q₁	q₂
Parallel Load	H	X	⊐	X	Pₙ	P₀	P₁	P₂	P₃
Mode Change	⊐	L	L	X	X	No Change			
	⌐	L	L	X	X	No Change			
	⊐	H	L	X	X	No Change			
	⌐	H	L	X	X	Undetermined			
	⊐	L	H	X	X	Undetermined			
	⌐	L	H	X	X	No Change			
	⊐	H	H	X	X	Undetermined			
	⌐	H	H	X	X	No Change			

L = LOW Voltage Level
H = HIGH Voltage Level
X = Don't Care
l = LOW Voltage Level one set-up time prior to the HIGH to LOW clock transition.
h = HIGH Voltage Level one set-up time prior to the HIGH to LOW clock transition.
Pₙ = Lower case letters indicate the state of the referenced input (or output) one set-up time prior to the
    HIGH to LOW clock transition.

107 Dual JK Flip Flop

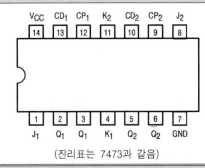

(진리표는 7473과 같음)

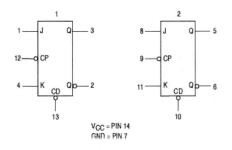

122 Retriggerable Monostable Multivibrator

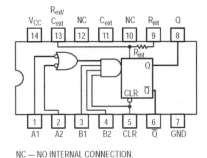

NC — NO INTERNAL CONNECTION.

INPUTS					OUTPUTS	
CLEAR	A1	A2	B1	B2	Q	Q̄
L	X	X	X	X	L	H
X	H	H	X	X	L	H
X	X	X	L	X	L	H
X	X	X	X	L	L	H
H	L	X	↑	H	⊓	⊔
H	L	X	H	↑	⊓	⊔
H	X	L	↑	H	⊓	⊔
H	X	L	H	↑	⊓	⊔
H	H	↓	H	H	⊓	⊔
H	↓	↓	H	H	⊓	⊔
H	↓	H	H	H	⊓	⊔
↑	L	X	H	H	⊓	⊔
↑	X	L	H	H	⊓	⊔

123 Dual Retriggerable Monostable Multivibrator

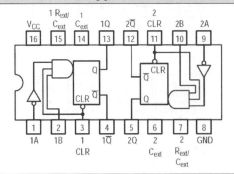

INPUTS			OUTPUTS	
CLEAR	A	B	Q	Q̄
L	X	X	L	H
X	H	X	L	H
X	X	L	L	H
H	L	↑	⊓	⊔
H	↓	H	⊓	⊔
↑	L	H	⊓	⊔

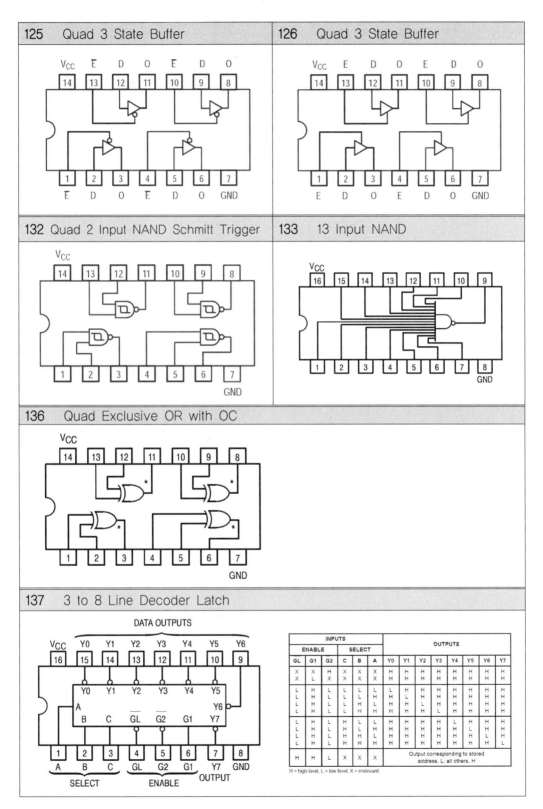

125 Quad 3 State Buffer

Vcc E D O E D O
14 13 12 11 10 9 8

1 2 3 4 5 6 7
E D O E D O GND

126 Quad 3 State Buffer

Vcc E D O E D O
14 13 12 11 10 9 8

1 2 3 4 5 6 7
E D O E D O GND

132 Quad 2 Input NAND Schmitt Trigger

Vcc
14 13 12 11 10 9 8

1 2 3 4 5 6 7
GND

133 13 Input NAND

Vcc
16 15 14 13 12 11 10 9

1 2 3 4 5 6 7 8
GND

136 Quad Exclusive OR with OC

Vcc
14 13 12 11 10 9 8

1 2 3 4 5 6 7
GND

137 3 to 8 Line Decoder Latch

DATA OUTPUTS

Vcc Y0 Y1 Y2 Y3 Y4 Y5 Y6
16 15 14 13 12 11 10 9

Y0 Y1 Y2 Y3 Y4 Y5
A   Y6
B C GL G2 G1 Y7

1 2 3 4 5 6 7 8
A B C GL G2 G1 Y7 GND

SELECT   ENABLE   OUTPUT

| INPUTS | | | | | | OUTPUTS | | | | | | | |
| ENABLE | | | SELECT | | | | | | | | | | |
GL	G1	G2	C	B	A	Y0	Y1	Y2	Y3	Y4	Y5	Y6	Y7
X	X	H	X	X	X	H	H	H	H	H	H	H	H
X	L	X	X	X	X	H	H	H	H	H	H	H	H
L	H	L	L	L	L	L	H	H	H	H	H	H	H
L	H	L	L	L	H	H	L	H	H	H	H	H	H
L	H	L	L	H	L	H	H	L	H	H	H	H	H
L	H	L	L	H	H	H	H	H	L	H	H	H	H
L	H	L	H	L	L	H	H	H	H	L	H	H	H
L	H	L	H	L	H	H	H	H	H	H	L	H	H
L	H	L	H	H	L	H	H	H	H	H	H	L	H
L	H	L	H	H	H	H	H	H	H	H	H	H	L
H	H	L	X	X	X	Output corresponding to stored address, L: all others, H							

H = high level, L = low level, X = irrelevant

138 3 to 8 Line Decoder

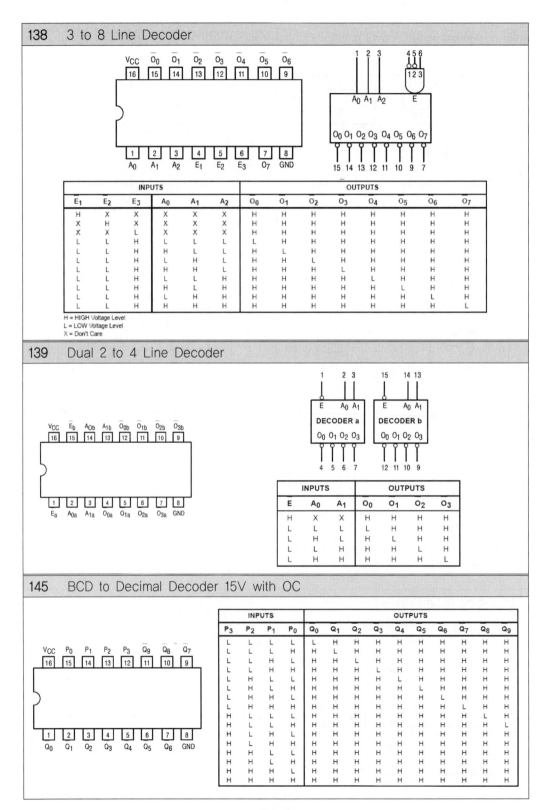

INPUTS						OUTPUTS							
E_1	E_2	E_3	A_0	A_1	A_2	O_0	O_1	O_2	O_3	O_4	O_5	O_6	O_7
H	X	X	X	X	X	H	H	H	H	H	H	H	H
X	H	X	X	X	X	H	H	H	H	H	H	H	H
X	X	L	X	X	X	H	H	H	H	H	H	H	H
L	L	H	L	L	L	L	H	H	H	H	H	H	H
L	L	H	H	L	L	H	L	H	H	H	H	H	H
L	L	H	L	H	L	H	H	L	H	H	H	H	H
L	L	H	H	H	L	H	H	H	L	H	H	H	H
L	L	H	L	L	H	H	H	H	H	L	H	H	H
L	L	H	H	L	H	H	H	H	H	H	L	H	H
L	L	H	L	H	H	H	H	H	H	H	H	L	H
L	L	H	H	H	H	H	H	H	H	H	H	H	L

H = HIGH Voltage Level
L = LOW Voltage Level
X = Don't Care

139 Dual 2 to 4 Line Decoder

INPUTS			OUTPUTS			
E	A_0	A_1	O_0	O_1	O_2	O_3
H	X	X	H	H	H	H
L	L	L	L	H	H	H
L	H	L	H	L	H	H
L	L	H	H	H	L	H
L	H	H	H	H	H	L

145 BCD to Decimal Decoder 15V with OC

INPUTS				OUTPUTS									
P_3	P_2	P_1	P_0	Q_0	Q_1	Q_2	Q_3	Q_4	Q_5	Q_6	Q_7	Q_8	Q_9
L	L	L	L	L	H	H	H	H	H	H	H	H	H
L	L	L	H	H	L	H	H	H	H	H	H	H	H
L	L	H	L	H	H	L	H	H	H	H	H	H	H
L	L	H	H	H	H	H	L	H	H	H	H	H	H
L	H	L	L	H	H	H	H	L	H	H	H	H	H
L	H	L	H	H	H	H	H	H	L	H	H	H	H
L	H	H	L	H	H	H	H	H	H	L	H	H	H
L	H	H	H	H	H	H	H	H	H	H	L	H	H
H	L	L	L	H	H	H	H	H	H	H	H	L	H
H	L	L	H	H	H	H	H	H	H	H	H	H	L
H	L	H	L	H	H	H	H	H	H	H	H	H	H
H	L	H	H	H	H	H	H	H	H	H	H	H	H
H	H	L	L	H	H	H	H	H	H	H	H	H	H
H	H	L	H	H	H	H	H	H	H	H	H	H	H
H	H	H	L	H	H	H	H	H	H	H	H	H	H
H	H	H	H	H	H	H	H	H	H	H	H	H	H

147 10 to 4 Line Priority Encoder

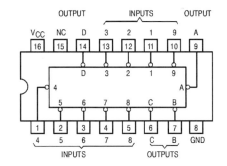

INPUTS									OUTPUTS			
1	2	3	4	5	6	7	8	9	D	C	B	A
H	H	H	H	H	H	H	H	H	H	H	H	H
X	X	X	X	X	X	X	X	L	L	H	H	L
X	X	X	X	X	X	X	L	H	L	H	H	H
X	X	X	X	X	X	L	H	H	H	L	L	L
X	X	X	X	X	L	H	H	H	H	L	L	H
X	X	X	X	L	H	H	H	H	H	L	H	L
X	X	X	L	H	H	H	H	H	H	L	H	H
X	X	L	H	H	H	H	H	H	H	H	L	L
X	L	H	H	H	H	H	H	H	H	H	L	H
L	H	H	H	H	H	H	H	H	H	H	H	L

147 8 to 3 Line Priority Encoder

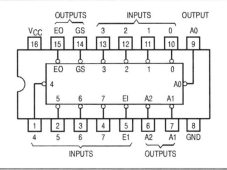

INPUTS									OUTPUTS				
EI	0	1	2	3	4	5	6	7	A2	A1	A0	GS	EO
H	X	X	X	X	X	X	X	X	H	H	H	H	H
L	H	H	H	H	H	H	H	H	H	H	H	H	L
L	X	X	X	X	X	X	X	L	L	L	L	L	H
L	X	X	X	X	X	X	L	H	L	L	H	L	H
L	X	X	X	X	X	L	H	H	L	H	L	L	H
L	X	X	X	X	L	H	H	H	L	H	H	L	H
L	X	X	X	L	H	H	H	H	H	L	L	L	H
L	X	X	L	H	H	H	H	H	H	L	H	L	H
L	X	L	H	H	H	H	H	H	H	H	L	L	H
L	L	H	H	H	H	H	H	H	H	H	H	L	H

151 8 to 1 Line Data Selector

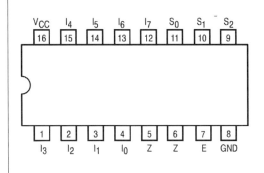

E	S2	S1	S0	I0	I1	I2	I3	I4	I5	I6	I7	Z	Z
H	X	X	X	X	X	X	X	X	X	X	X	H	L
L	L	L	L	L	X	X	X	X	X	X	X	H	L
L	L	L	L	H	X	X	X	X	X	X	X	L	H
L	L	L	H	X	L	X	X	X	X	X	X	H	L
L	L	L	H	X	H	X	X	X	X	X	X	L	H
L	L	H	L	X	X	L	X	X	X	X	X	H	L
L	L	H	L	X	X	H	X	X	X	X	X	L	H
L	L	H	H	X	X	X	L	X	X	X	X	H	L
L	L	H	H	X	X	X	H	X	X	X	X	L	H
L	H	L	L	X	X	X	X	L	X	X	X	H	L
L	H	L	L	X	X	X	X	H	X	X	X	L	H
L	H	L	H	X	X	X	X	X	L	X	X	H	L
L	H	L	H	X	X	X	X	X	H	X	X	L	H
L	H	H	L	X	X	X	X	X	X	L	X	H	L
L	H	H	L	X	X	X	X	X	X	H	X	L	H
L	H	H	H	X	X	X	X	X	X	X	L	H	L
L	H	H	H	X	X	X	X	X	X	X	H	L	H

153 Dual 4 to 1 Line Data Selector

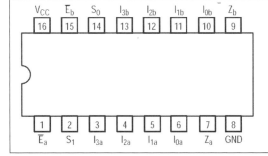

SELECT INPUTS		INPUTS (a or b)					OUTPUT
S0	S1	E	I0	I1	I2	I3	Z
X	X	H	X	X	X	X	L
L	L	L	L	X	X	X	L
L	L	L	H	X	X	X	H
H	L	L	X	L	X	X	L
H	L	L	X	H	X	X	H
L	H	L	X	X	L	X	L
L	H	L	X	X	H	X	H
H	H	L	X	X	X	L	L
H	H	L	X	X	X	H	H

164   8 Bit Shift Register

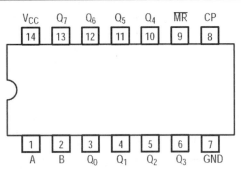

OPERATING MODE	INPUTS			OUTPUTS	
	$\overline{MR}$	A	B	Q_0	$Q_1 - Q_7$
Reset (Clear)	L	X	X	L	L – L
Shift	H	l	l	L	$q_0 - q_6$
	H	l	h	L	$q_0 - q_6$
	H	h	l	L	$q_0 - q_6$
	H	h	h	H	$q_0 - q_6$

181   4Bit ALU Function Generator

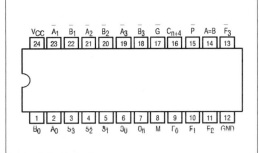

MODE SELECT INPUTS				ACTIVE LOW INPUTS & OUTPUTS		ACTIVE HIGH INPUTS & OUTPUTS	
s_3	s_2	s_1	s_0	LOGIC (M = H)	ARITHMETIC** (M = L) (C_n = L)	LOGIC (M = H)	ARITHMETIC** (M = L) (C_n = H)
L	L	L	L	$\overline{A}$	A minus 1	A	A
L	L	L	H	$\overline{AB}$	AB minus 1	$\overline{A}$ + B	A + B
L	L	H	L	$\overline{A} + B$	$A\overline{B}$ minus 1	$\overline{AB}$	A + $\overline{B}$
L	L	H	H	Logical 1	minus 1	Logical 0	minus 1
L	H	L	L	$\overline{A + B}$	A plus (A + $\overline{B}$)	$\overline{AB}$	A plus $A\overline{B}$
L	H	L	H	$\overline{B}$	AB plus (A + $\overline{B}$)	B	(A + B) plus $A\overline{B}$
L	H	H	L	$A \oplus B$	A minus B minus 1	$A \oplus B$	A minus B minus 1
L	H	H	H	$A + \overline{B}$	A + $\overline{B}$	$A\overline{B}$	AB minus 1
H	L	L	L	$\overline{A}B$	A plus (A + B)	$\overline{A}$ + B	A plus AB
H	L	L	H	$A \oplus B$	A plus B	$A \oplus B$	A plus B
H	L	H	L	B	AB plus (A + B)	B	(A + B) plus AB
H	L	H	H	A + B	A + B	AB	AB minus 1
H	H	L	L	Logical 0	A plus A*	Logical 1	A plus A*
H	H	L	H	$A\overline{B}$	AB plus A	$A + \overline{B}$	(A + B) plus A
H	H	H	L	AB	AB plus A	A + B	(A + B) Plus A
H	H	H	H	A	A	A	A minus 1

190   Synchronous uup down Decade Counter

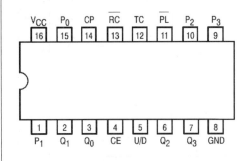

MODE SELECT TABLE

INPUTS				MODE
PL	CE	U/D	CP	
H	L	L	⌿	Count Up
H	L	H	⌿	Count Down
L	X	X	X	Preset (Asyn.)
H	H	X	X	No Change (Hold)

RC TRUTH TABLE

INPUTS			RC OUTPUT
CE	TC*	CP	
L	H	⌴	⌴
H	X	X	H
X	X	X	H

* TC is generated internally

192   Synchronous up down Decade Counter

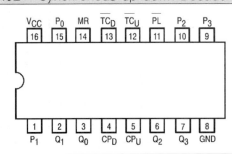

MODE SELECT TABLE

MR	PL	CP_U	CP_D	MODE
H	X	X	X	Reset (Asyn.)
L	L	X	X	Preset (Asyn.)
L	H	H	H	No Change
L	H	⌿	H	Count Up
L	H	H	⌿	Count Down

L = LOW Voltage Level
H = HIGH Voltage Level
X = Don't Care
⌿ = LOW-to-HIGH Clock Transition

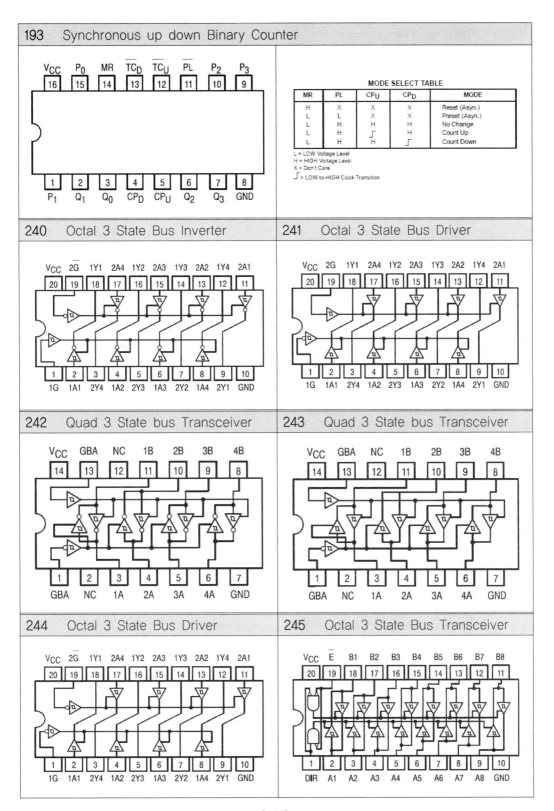

193 Synchronous up down Binary Counter

Top pins: V_{CC}(16) P_0(15) MR(14) $\overline{TC_D}$(13) $\overline{TC_U}$(12) $\overline{PL}$(11) P_2(10) P_3(9)

Bottom pins: P_1(1) Q_1(2) Q_0(3) CP_D(4) CP_U(5) Q_2(6) Q_3(7) GND(8)

MODE SELECT TABLE

MR	PL	CP_U	CP_D	MODE
H	X	X	X	Reset (Asyn.)
L	L	X	X	Preset (Asyn.)
L	H	H	H	No Change
L	H	⌐	H	Count Up
L	H	H	⌐	Count Down

L = LOW Voltage Level
H = HIGH Voltage Level
X = Don't Care
⌐ = LOW-to-HIGH Clock Transition

240 Octal 3 State Bus Inverter

Top pins: V_{CC}(20) $\overline{2G}$(19) 1Y1(18) 2A4(17) 1Y2(16) 2A3(15) 1Y3(14) 2A2(13) 1Y4(12) 2A1(11)

Bottom pins: 1G(1) 1A1(2) 2Y4(3) 1A2(4) 2Y3(5) 1A3(6) 2Y2(7) 1A4(8) 2Y1(9) GND(10)

241 Octal 3 State Bus Driver

Top pins: V_{CC}(20) 2G(19) 1Y1(18) 2A4(17) 1Y2(16) 2A3(15) 1Y3(14) 2A2(13) 1Y4(12) 2A1(11)

Bottom pins: 1G(1) 1A1(2) 2Y4(3) 1A2(4) 2Y3(5) 1A3(6) 2Y2(7) 1A4(8) 2Y1(9) GND(10)

242 Quad 3 State bus Transceiver

Top pins: V_{CC}(14) GBA(13) NC(12) 1B(11) 2B(10) 3B(9) 4B(8)

Bottom pins: GBA(1) NC(2) 1A(3) 2A(4) 3A(5) 4A(6) GND(7)

243 Quad 3 State bus Transceiver

Top pins: V_{CC}(14) GBA(13) NC(12) 1B(11) 2B(10) 3B(9) 4B(8)

Bottom pins: GBA(1) NC(2) 1A(3) 2A(4) 3A(5) 4A(6) GND(7)

244 Octal 3 State Bus Driver

Top pins: V_{CC}(20) 2G(19) 1Y1(18) 2A4(17) 1Y2(16) 2A3(15) 1Y3(14) 2A2(13) 1Y4(12) 2A1(11)

Bottom pins: 1G(1) 1A1(2) 2Y4(3) 1A2(4) 2Y3(5) 1A3(6) 2Y2(7) 1A4(8) 2Y1(9) GND(10)

245 Octal 3 State Bus Transceiver

Top pins: V_{CC}(20) $\overline{E}$(19) B1(18) B2(17) B3(16) B4(15) B5(14) B6(13) B7(12) B8(11)

Bottom pins: DIR(1) A1(2) A2(3) A3(4) A4(5) A5(6) A6(7) A7(8) A8(9) GND(10)

283 4Bit Binary Full Adder

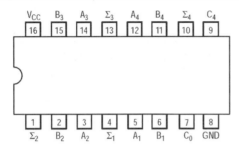

C (n−1)	A_n	B_n	Σ_n	C_n
L	L	L	L	L
L	L	H	H	L
L	H	L	H	L
L	H	H	L	H
H	L	L	H	L
H	L	H	L	H
H	H	L	L	H
H	H	H	H	H

C_1–C_3 are generated internally
C_0 is an external input
C_4 is an output generated internally

290 Decade Counter

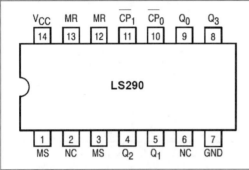

LS290 MODE SELECTION

RESET/SET INPUTS				OUTPUTS			
MR_1	MR_2	MS_1	MS_2	Q_0	Q_1	Q_2	Q_3
H	H	L	X	L	L	L	L
H	H	X	L	L	L	L	L
X	X	H	H	H	L	L	H
L	X	L	X	Count			
X	L	X	L	Count			
L	X	X	L	Count			
X	L	L	X	Count			

293 4Bit Binary Counter

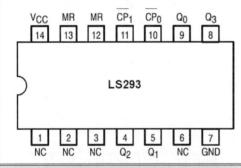

LS293 MODE SELECTION

RESET INPUTS		OUTPUTS			
MR_1	MR_2	Q_0	Q_1	Q_2	Q_3
H	H	L	L	L	L
L	H	Count			
H	L	Count			
L	L	Count			

348 8 to 3 Line Priority Encoder 3 state

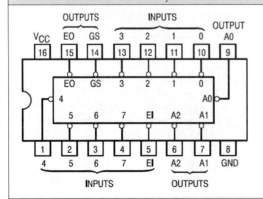

INPUTS										OUTPUTS				
EI	0	1	2	3	4	5	6	7		A2	A1	A0	GS	EO
H	X	X	X	X	X	X	X	X		Z	Z	Z	H	H
L	H	H	H	H	H	H	H	H		Z	Z	Z	H	L
L	X	X	X	X	X	X	X	L		L	L	L	L	H
L	X	X	X	X	X	X	L	H		L	L	H	L	H
L	X	X	X	X	X	L	H	H		L	H	L	L	H
L	X	X	X	X	L	H	H	H		L	H	H	L	H
L	X	X	X	L	H	H	H	H		H	L	L	L	H
L	X	X	L	H	H	H	H	H		H	L	H	L	H
L	X	L	H	H	H	H	H	H		H	H	L	L	H
L	L	H	H	H	H	H	H	H		H	H	H	L	H

373 Octal Transparent Latch 3 State

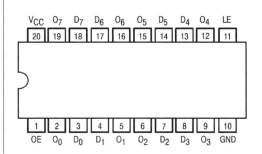

Dn	LE	OE	On
H	H	L	H
L	H	L	L
X	L	L	Q_0
X	X	H	Z*

H = HIGH Voltage Level
L = LOW Voltage Level
X = Immaterial
Z = High Impedance

374 Octal D Type Flip Flop 3 State

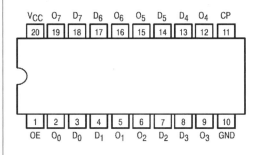

Dn	LE	OE	On
H	⊓	L	H
L	⊓	L	L
X	X	H	Z*

377 Octal D Type Flip Flop with Enable

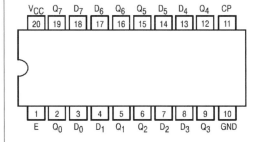

E	CP	Dn	Qn	Qn
H	⤒	X	No Change	No Change
L	⤒	H	H	L
L	⤒	L	L	H

L = LOW Voltage Level
H = HIGH Voltage Level
X = Immaterial

378 Hex D Type Flip Flop with Enable

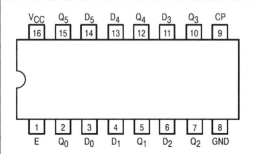

E	CP	Dn	Qn	Qn
H	⤒	X	No Change	No Change
L	⤒	H	H	L
L	⤒	L	L	H

L = LOW Voltage Level
H = HIGH Voltage Level
X = Immaterial

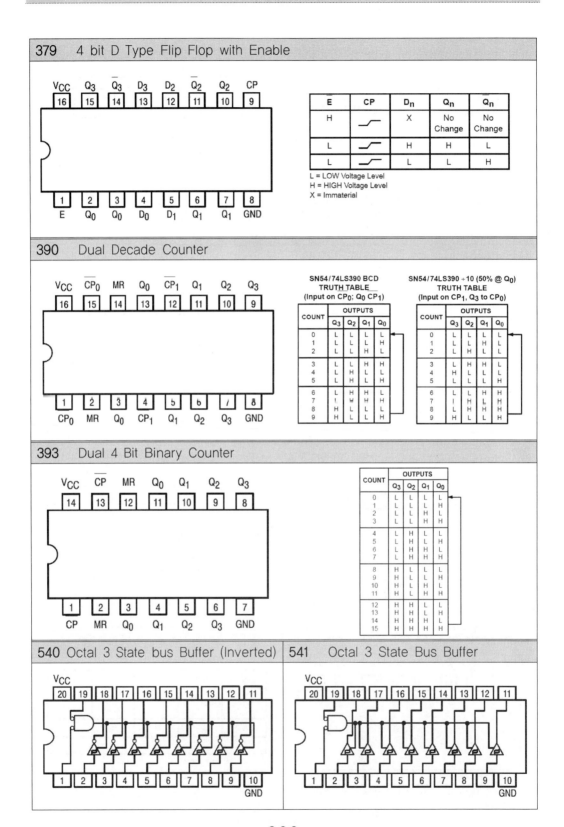

379 4 bit D Type Flip Flop with Enable

Pin layout (top row): V_{CC} (16), Q_3 (15), $\overline{Q_3}$ (14), D_3 (13), D_2 (12), $\overline{Q_2}$ (11), Q_2 (10), CP (9)

Pin layout (bottom row): E (1), Q_0 (2), $\overline{Q_0}$ (3), D_0 (4), D_1 (5), Q_1 (6), $\overline{Q_1}$ (7), GND (8)

E	CP	D_n	Q_n	$\overline{Q_n}$
H	↑	X	No Change	No Change
L	↑	H	H	L
L	↑	L	L	H

L = LOW Voltage Level
H = HIGH Voltage Level
X = Immaterial

390 Dual Decade Counter

Pin layout (top row): V_{CC} (16), $\overline{CP_0}$ (15), MR (14), Q_0 (13), $\overline{CP_1}$ (12), Q_1 (11), Q_2 (10), Q_3 (9)

Pin layout (bottom row): CP_0 (1), MR (2), Q_0 (3), CP_1 (4), Q_1 (5), Q_2 (6), Q_3 (7), GND (8)

SN54/74LS390 BCD
TRUTH TABLE
(Input on CP_0; Q_0 CP_1)

COUNT	OUTPUTS			
	Q_3	Q_2	Q_1	Q_0
0	L	L	L	L
1	L	L	L	H
2	L	L	H	L
3	L	L	H	H
4	L	H	L	L
5	L	H	L	H
6	L	H	H	L
7	L	H	H	H
8	H	L	L	L
9	H	L	L	H

SN54/74LS390 ÷10 (50% @ Q_0)
TRUTH TABLE
(Input on CP_1, Q_3 to CP_0)

COUNT	OUTPUTS			
	Q_3	Q_2	Q_1	Q_0
0	L	L	L	L
1	L	L	H	L
2	L	H	L	L
3	L	H	H	L
4	H	L	L	L
5	L	L	L	H
6	L	L	H	H
7	L	H	L	H
8	L	H	H	H
9	H	L	L	H

393 Dual 4 Bit Binary Counter

Pin layout (top row): V_{CC} (14), $\overline{CP}$ (13), MR (12), Q_0 (11), Q_1 (10), Q_2 (9), Q_3 (8)

Pin layout (bottom row): CP (1), MR (2), Q_0 (3), Q_1 (4), Q_2 (5), Q_3 (6), GND (7)

COUNT	OUTPUTS			
	Q_3	Q_2	Q_1	Q_0
0	L	L	L	L
1	L	L	L	H
2	L	L	H	L
3	L	L	H	H
4	L	H	L	L
5	L	H	L	H
6	L	H	H	L
7	L	H	H	H
8	H	L	L	L
9	H	L	L	H
10	H	L	H	L
11	H	L	H	H
12	H	H	L	L
13	H	H	L	H
14	H	H	H	L
15	H	H	H	H

540 Octal 3 State bus Buffer (Inverted)

V_{CC} (top row): 20, 19, 18, 17, 16, 15, 14, 13, 12, 11

(bottom row): 1, 2, 3, 4, 5, 6, 7, 8, 9, 10 GND

541 Octal 3 State Bus Buffer

V_{CC} (top row): 20, 19, 18, 17, 16, 15, 14, 13, 12, 11

(bottom row): 1, 2, 3, 4, 5, 6, 7, 8, 9, 10 GND

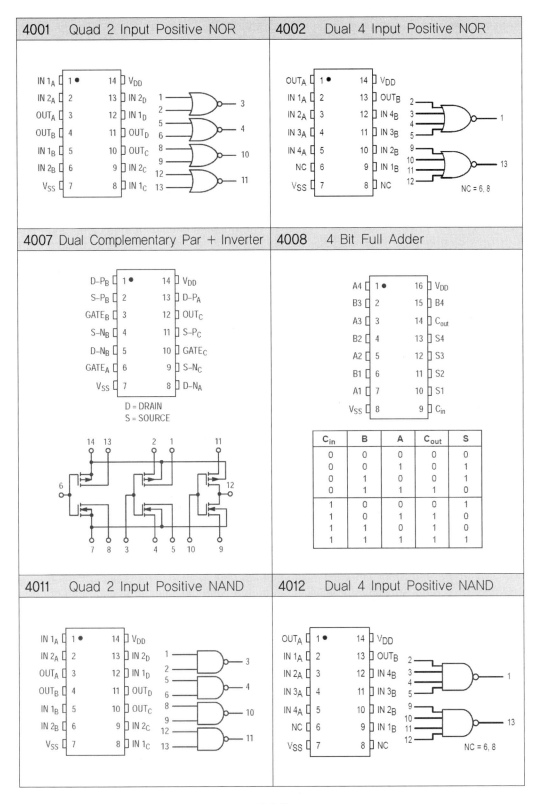

| 4001 | Quad 2 Input Positive NOR | 4002 | Dual 4 Input Positive NOR |

4007 Dual Complementary Par + Inverter

D = DRAIN
S = SOURCE

4008   4 Bit Full Adder

C_{in}	B	A	C_{out}	S
0	0	0	0	0
0	0	1	0	1
0	1	0	0	1
0	1	1	1	0
1	0	0	0	1
1	0	1	1	0
1	1	0	1	0
1	1	1	1	1

4011   Quad 2 Input Positive NAND

4012   Dual 4 Input Positive NAND

4013   Dual D Type Flip Flop

Q_A	1 ●	14	V_{DD}
$\overline{Q}_A$	2	13	Q_B
C_A	3	12	$\overline{Q}_B$
R_A	4	11	C_B
D_A	5	10	R_B
S_A	6	9	D_B
V_{SS}	7	8	S_B

4014   8 Stage Static Shift Register

P8	1 ●	16	V_{DD}
Q6	2	15	P7
Q8	3	14	P6
P4	4	13	P5
P3	5	12	Q7
P2	6	11	D_S
P1	7	10	C
V_{SS}	8	9	P/S

SERIAL OPERATION:

t	Clock	D_S	P/S	Q6 t=n+6	Q7 t=n+7	Q8 t=n+8
n	⌐	0	0	0	?	?
n+1	⌐	1	0	1	0	?
n+2	⌐	0	0	0	1	0
n+3	⌐	1	0	1	0	1
	⌐	X	0	Q6	Q7	Q8

PARALLEL OPERATION:

Clock MC14014B	Clock MC14021B	D_S	P/S	P_n	*Q_n
⌐	X	X	1	0	0
⌐	X	X	1	1	1

*Q6, Q7, & Q8 are available externally
X = Don't Care

4015   Dual 4 State Static Shift Register

C_B	1 ●	16	V_{DD}
$Q3_B$	2	15	D_B
$Q2_A$	3	14	R_B
$Q1_A$	4	13	$Q0_B$
$Q0_A$	5	12	$Q1_B$
R_A	6	11	$Q2_B$
D_A	7	10	$Q3_A$
V_{SS}	8	9	C_A

C	D	R	Q0	Q_n
⌐	0	0	0	Q_{n-1}
⌐	1	0	1	Q_{n-1}
⌐	X	0	No Change	No Change
X	X	1	0	0

X = Don't Care
Q_n = Q0, Q1, Q2, or Q3, as applicable.
Q_{n-1} = Output of prior stage.

4016   Quad Analog Switch

IN 1	1 ●	14	V_{DD}
OUT 1	2	13	CONTROL 1
OUT 2	3	12	CONTROL 4
IN 2	4	11	IN 4
CONTROL 2	5	10	OUT 4
CONTROL 3	6	9	OUT 3
V_{SS}	7	8	IN 3

Control	Switch
$0 = V_{SS}$	Off
$1 = V_{DD}$	On

4017   Decade Counter

Q5	1 ●	16	V_{DD}
Q1	2	15	RESET
Q0	3	14	CLOCK
Q2	4	13	$\overline{CE}$
Q6	5	12	C_{out}
Q7	6	11	Q9
Q3	7	10	Q4
V_{SS}	8	9	Q8

Clock	Clock Enable	Reset	Decode Output=n
0	X	0	n
X	1	0	n
X	X	1	Q0
⌐	0	0	n+1
⌐	X	0	n
X	⌐	0	n
1	⌐	0	n+1

X = Don't Care. If n < 5 Carry = "1",
Otherwise = "0".

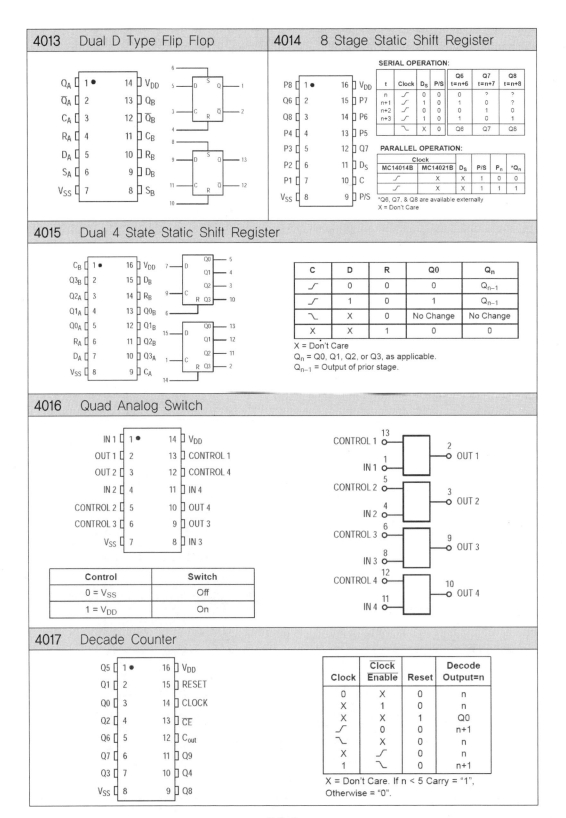

4018 Presettable Divide By N Counter

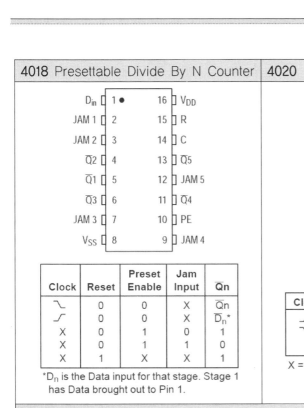

D_{in}	1 ●		16	V_{DD}
JAM 1	2		15	R
JAM 2	3		14	C
$\overline{Q2}$	4		13	$\overline{Q5}$
$\overline{Q1}$	5		12	JAM 5
$\overline{Q3}$	6		11	$\overline{Q4}$
JAM 3	7		10	PE
V_{SS}	8		9	JAM 4

Clock	Reset	Preset Enable	Jam Input	$\overline{Q}n$
⌐⌐	0	0	X	$\overline{Q}n$
_⌐	0	0	X	$\overline{D}_n$*
X	0	1	0	1
X	0	1	1	0
X	1	X	X	1

*D_n is the Data input for that stage. Stage 1 has Data brought out to Pin 1.

4020 14 State Binary Counter

Q12	1 ●		16	V_{DD}
Q13	2		15	Q11
Q14	3		14	Q10
Q6	4		13	Q8
Q5	5		12	Q9
Q7	6		11	R
Q4	7		10	C
V_{SS}	8		9	Q1

Clock	Reset	Output State
_⌐	0	No Change
⌐⌐	0	Advance to Next State
X	1	All Outputs are Low

X = Don't Care

4022 Octal Counter

Q1	1 ●		16	V_{DD}
Q0	2		15	R
Q2	3		14	C
Q5	4		13	$\overline{CE}$
Q6	5		12	C_{out}
NC	6		11	Q4
Q3	7		10	Q7
V_{SS}	8		9	NC

NC = NO CONNECTION

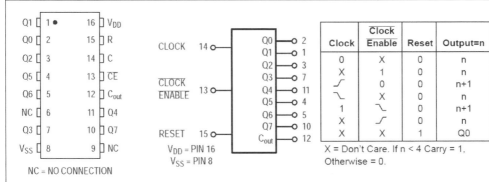

V_{DD} = PIN 16
V_{SS} = PIN 8

Clock	$\overline{Clock}$ Enable	Reset	Output=n
0	X	0	n
X	1	0	n
_⌐	0	0	n+1
⌐⌐	X	0	n
1	⌐⌐	0	n+1
X	_⌐	0	n
X	X	1	Q0

X = Don't Care. If n < 4 Carry = 1, Otherwise = 0.

4023 Tripple 3 Input Positive NAND

IN 1$_A$	1 ●		14	V_{DD}
IN 2$_A$	2		13	IN 3$_C$
IN 1$_B$	3		12	IN 2$_C$
IN 2$_B$	4		11	IN 1$_C$
IN 3$_B$	5		10	OUT$_C$
OUT$_B$	6		9	OUT$_A$
V_{SS}	7		8	IN 3$_A$

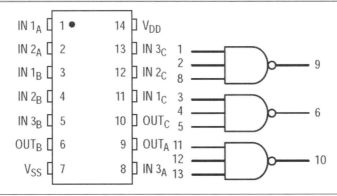

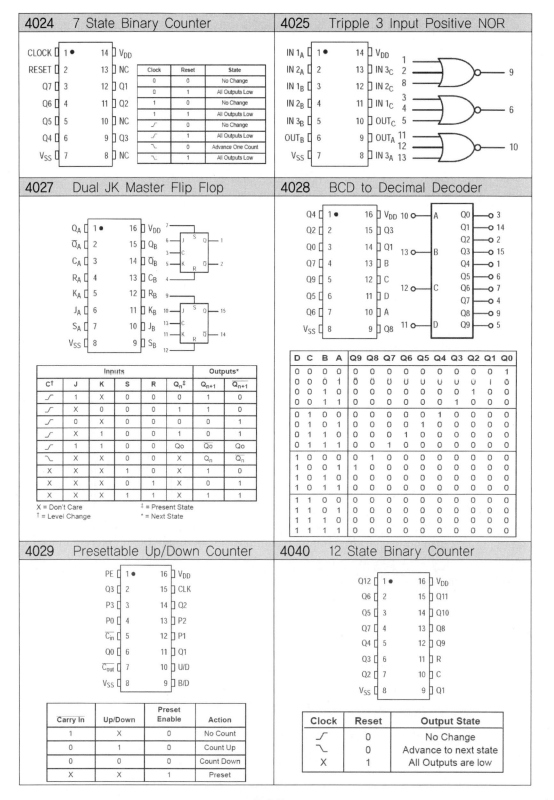

4042　Quad D Latch

Pinout:
- Q3 — 1 — 16 — V_{DD}
- Q0 — 2 — 15 — $\overline{Q3}$
- $\overline{Q0}$ — 3 — 14 — D3
- D0 — 4 — 13 — D2
- CLOCK — 5 — 12 — $\overline{Q2}$
- POLARITY — 6 — 11 — Q2
- D1 — 7 — 10 — Q1
- V_{SS} — 8 — 9 — $\overline{Q1}$

Clock	Polarity	Q
0	0	Data
1	0	Latch
1	1	Data
0	1	Latch

4043　Quad Positive NOR R/S Latch

Pinout:
- Q3 — 1 — 16 — V_{DD}
- Q0 — 2 — 15 — R3
- R0 — 3 — 14 — S3
- S0 — 4 — 13 — NC
- E — 5 — 12 — S2
- S1 — 6 — 11 — R2
- R1 — 7 — 10 — Q2
- V_{SS} — 8 — 9 — Q1

S	R	E	Q
X	X	0	High Impedance
0	0	1	No Change
0	1	1	0
1	0	1	1
1	1	1	1

4046　Phase Locked Loop

Pinout:
- LD — 1 — 16 — V_{DD}
- PC1$_{out}$ — 2 — 15 — ZENER
- PCB$_{in}$ — 3 — 14 — PCA$_{in}$
- VCO$_{out}$ — 4 — 13 — PC2$_{out}$
- INH — 5 — 12 — R2
- C1$_A$ — 6 — 11 — R1
- C1$_B$ — 7 — 10 — SF$_{out}$
- V_{SS} — 8 — 9 — VCO$_{in}$

4049　Hex Buffer

Pinout:
- V_{DD} — 1 — 16 — NC
- OUT$_A$ — 2 — 15 — OUT$_F$
- IN$_A$ — 3 — 14 — IN$_F$
- OUT$_B$ — 4 — 13 — NC
- IN$_B$ — 5 — 12 — OUT$_E$
- OUT$_C$ — 6 — 11 — IN$_E$
- IN$_C$ — 7 — 10 — OUT$_D$
- V_{SS} — 8 — 9 — IN$_D$

4050　Hex Buffer

Pinout:
- V_{DD} — 1 — 16 — NC
- OUT$_A$ — 2 — 15 — OUT$_F$
- IN$_A$ — 3 — 14 — IN$_F$
- OUT$_B$ — 4 — 13 — NC
- IN$_B$ — 5 — 12 — OUT$_E$
- OUT$_C$ — 6 — 11 — IN$_E$
- IN$_C$ — 7 — 10 — OUT$_D$
- V_{SS} — 8 — 9 — IN$_D$

4051　Analog 8 Channel Multiplexers/Demultiplexers

Pinout:
- X4 — 1 — 16 — V_{DD}
- X6 — 2 — 15 — X2
- X — 3 — 14 — X1
- X7 — 4 — 13 — X0
- X5 — 5 — 12 — X3
- INH — 6 — 11 — A
- V_{EE} — 7 — 10 — B
- V_{SS} — 8 — 9 — C

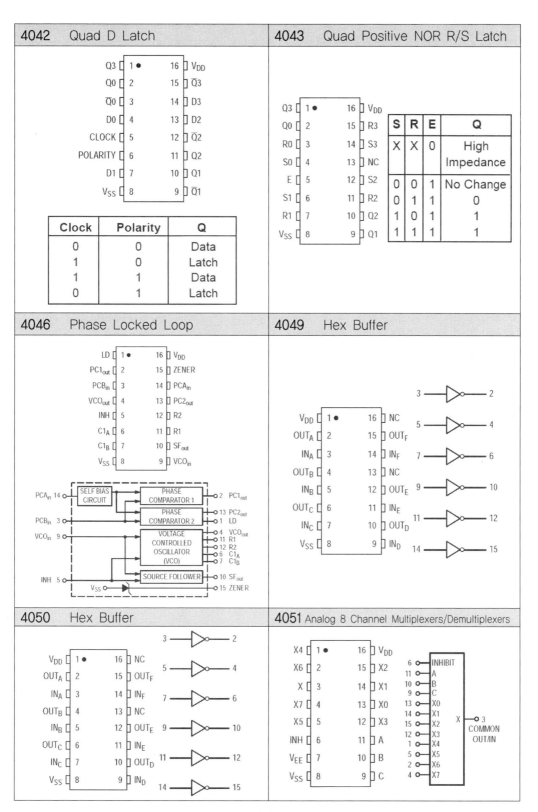

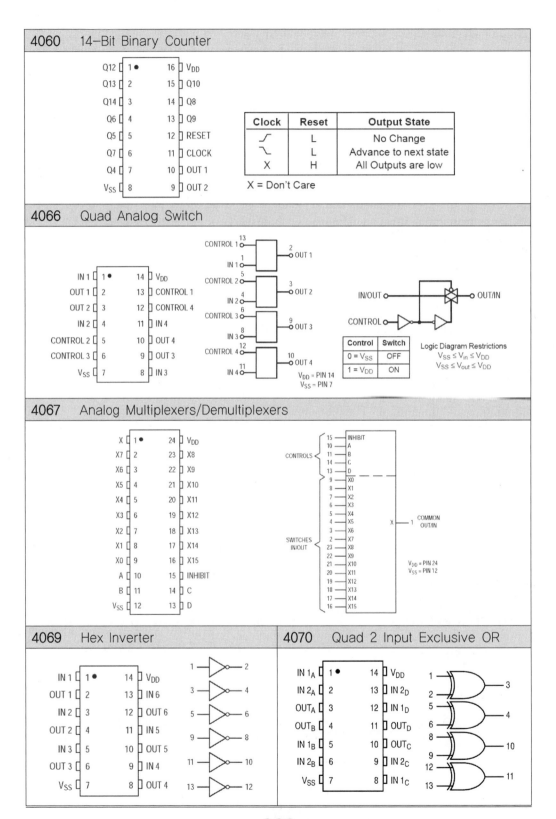

4060 14-Bit Binary Counter

Q12 — 1 — 16 — V_DD
Q13 — 2 — 15 — Q10
Q14 — 3 — 14 — Q8
Q6 — 4 — 13 — Q9
Q5 — 5 — 12 — RESET
Q7 — 6 — 11 — CLOCK
Q4 — 7 — 10 — OUT 1
V_SS — 8 — 9 — OUT 2

Clock	Reset	Output State
⌐	L	No Change
⌐	L	Advance to next state
X	H	All Outputs are low

X = Don't Care

4066 Quad Analog Switch

IN 1 — 1 — 14 — V_DD
OUT 1 — 2 — 13 — CONTROL 1
OUT 2 — 3 — 12 — CONTROL 4
IN 2 — 4 — 11 — IN 4
CONTROL 2 — 5 — 10 — OUT 4
CONTROL 3 — 6 — 9 — OUT 3
V_SS — 7 — 8 — IN 3

CONTROL 1 — 13
IN 1 — 1 — OUT 1 — 2
CONTROL 2 — 5
IN 2 — 4 — OUT 2 — 3
CONTROL 3 — 6
IN 3 — 8 — OUT 3 — 9
CONTROL 4 — 12
IN 4 — 11 — OUT 4 — 10

V_DD = PIN 14
V_SS = PIN 7

IN/OUT — OUT/IN
CONTROL

Control	Switch
0 = V_SS	OFF
1 = V_DD	ON

Logic Diagram Restrictions
$V_{SS} \leq V_{in} \leq V_{DD}$
$V_{SS} \leq V_{out} \leq V_{DD}$

4067 Analog Multiplexers/Demultiplexers

X — 1 — 24 — V_DD
X7 — 2 — 23 — X8
X6 — 3 — 22 — X9
X5 — 4 — 21 — X10
X4 — 5 — 20 — X11
X3 — 6 — 19 — X12
X2 — 7 — 18 — X13
X1 — 8 — 17 — X14
X0 — 9 — 16 — X15
A — 10 — 15 — INHIBIT
B — 11 — 14 — C
V_SS — 12 — 13 — D

15 — INHIBIT
CONTROLS { 10 — A
11 — B
14 — C
13 — D }
9 — X0
8 — X1
7 — X2
6 — X3
5 — X4
4 — X5
3 — X6
2 — X7
X — 1 — COMMON OUT/IN
SWITCHES IN/OUT { 23 — X8
22 — X9
21 — X10
20 — X11
19 — X12
18 — X13
17 — X14
16 — X15 }

V_DD = PIN 24
V_SS = PIN 12

4069 Hex Inverter

IN 1 — 1 — 14 — V_DD
OUT 1 — 2 — 13 — IN 6
IN 2 — 3 — 12 — OUT 6
OUT 2 — 4 — 11 — IN 5
IN 3 — 5 — 10 — OUT 5
OUT 3 — 6 — 9 — IN 4
V_SS — 7 — 8 — OUT 4

1 — 2
3 — 4
5 — 6
9 — 8
11 — 10
13 — 12

4070 Quad 2 Input Exclusive OR

IN 1_A — 1 — 14 — V_DD
IN 2_A — 2 — 13 — IN 2_D
OUT_A — 3 — 12 — IN 1_D
OUT_B — 4 — 11 — OUT_D
IN 1_B — 5 — 10 — OUT_C
IN 2_B — 6 — 9 — IN 2_C
V_SS — 7 — 8 — IN 1_C

1, 2 — 3
5, 6 — 4
8, 9 — 10
12, 13 — 11

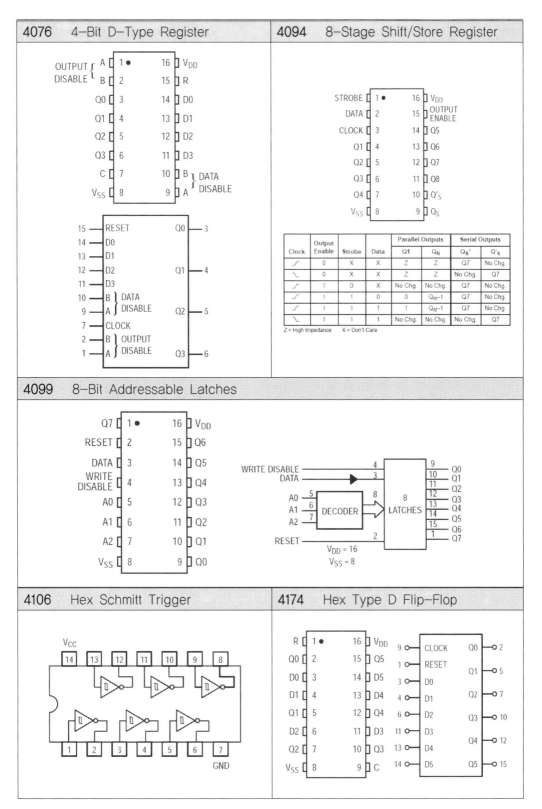

4076   4-Bit D-Type Register

OUTPUT DISABLE
- A   1●   16 V_{DD}
- B   2   15   R
- Q0   3   14   D0
- Q1   4   13   D1
- Q2   5   12   D2
- Q3   6   11   D3
- C   7   10   B } DATA DISABLE
- V_{SS} 8   9   A

- 15 — RESET
- 14 — D0
- 13 — D1
- 12 — D2
- 11 — D3
- 10 — B } DATA DISABLE
- 9 — A
- 7 — CLOCK
- 2 — B } OUTPUT DISABLE
- 1 — A
- Q0 — 3
- Q1 — 4
- Q2 — 5
- Q3 — 6

4094   8-Stage Shift/Store Register

- STROBE   1●   16 V_{DD}
- DATA   2   15   OUTPUT ENABLE
- CLOCK   3   14   Q5
- Q1   4   13   Q6
- Q2   5   12   Q7
- Q3   6   11   Q8
- Q4   7   10 Q'_S
- V_{SS} 8   9 Q_S

Clock	Output Enable	Strobe	Data	Parallel Outputs		Serial Outputs	
				Q1	Q_N	Q_S'	Q'_S
⌐⌐	0	X	X	Z	Z	Q7	No Chg.
⌐⌐	0	X	X	Z	Z	No Chg.	Q7
⌐⌐	1	0	X	No Chg.	No Chg.	Q7	No Chg.
⌐⌐	1	1	0	0	Q_{N-1}	Q7	No Chg.
⌐⌐	1	1	1	1	Q_{N-1}	Q7	No Chg.
⌐⌐	1	1	1	No Chg.	No Chg.	No Chg.	Q7

Z = High Impedance   X = Don't Care

4099   8-Bit Addressable Latches

- Q7   1●   16 V_{DD}
- RESET   2   15   Q6
- DATA   3   14   Q5
- WRITE DISABLE   4   13   Q4
- A0   5   12   Q3
- A1   6   11   Q2
- A2   7   10   Q1
- V_{SS} 8   9   Q0

- WRITE DISABLE — 4
- DATA — 3
- A0 — 5
- A1 — 6 → DECODER → 8 LATCHES
- A2 — 7
- RESET — 2
- 9 — Q0
- 10 — Q1
- 11 — Q2
- 12 — Q3
- 13 — Q4
- 14 — Q5
- 15 — Q6
- 1 — Q7

$V_{DD} = 16$
$V_{SS} = 8$

4106   Hex Schmitt Trigger

V_{CC}
14 13 12 11 10 9 8
1 2 3 4 5 6 7
GND

4174   Hex Type D Flip-Flop

- R   1●   16 V_{DD}
- Q0   2   15   Q5
- D0   3   14   D5
- D1   4   13   D4
- Q1   5   12   Q4
- D2   6   11   D3
- Q2   7   10   Q3
- V_{SS} 8   9   C

- 9 — CLOCK
- 1 — RESET
- 3 — D0
- 4 — D1
- 6 — D2
- 11 — D3
- 13 — D4
- 14 — D5
- Q0 — 2
- Q1 — 5
- Q2 — 7
- Q3 — 10
- Q4 — 12
- Q5 — 15

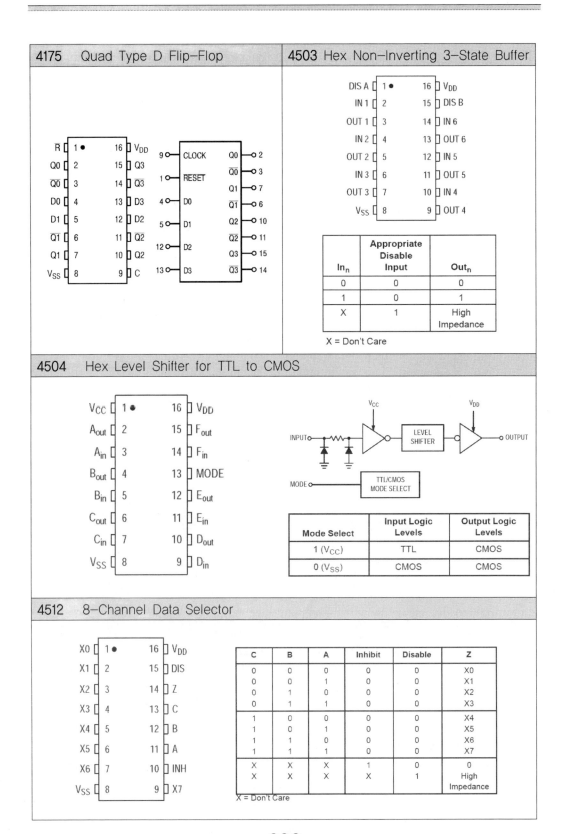

4175 Quad Type D Flip-Flop

R	1●	16	V_{DD}
Q0	2	15	Q3
$\overline{Q0}$	3	14	$\overline{Q3}$
D0	4	13	D3
D1	5	12	D2
$\overline{Q1}$	6	11	$\overline{Q2}$
Q1	7	10	Q2
V_{SS}	8	9	C

9○	CLOCK	Q0	○2
1○	RESET	$\overline{Q0}$	○3
		Q1	○7
4○	D0	$\overline{Q1}$	○6
5○	D1	Q2	○10
12○	D2	$\overline{Q2}$	○11
13○	D3	Q3	○15
		$\overline{Q3}$	○14

4503 Hex Non-Inverting 3-State Buffer

DIS A	1●	16	V_{DD}
IN 1	2	15	DIS B
OUT 1	3	14	IN 6
IN 2	4	13	OUT 6
OUT 2	5	12	IN 5
IN 3	6	11	OUT 5
OUT 3	7	10	IN 4
V_{SS}	8	9	OUT 4

In_n	Appropriate Disable Input	Out_n
0	0	0
1	0	1
X	1	High Impedance

X = Don't Care

4504 Hex Level Shifter for TTL to CMOS

V_{CC}	1●	16	V_{DD}
A_{out}	2	15	F_{out}
A_{in}	3	14	F_{in}
B_{out}	4	13	MODE
B_{in}	5	12	E_{out}
C_{out}	6	11	E_{in}
C_{in}	7	10	D_{out}
V_{SS}	8	9	D_{in}

Mode Select	Input Logic Levels	Output Logic Levels
1 (V_{CC})	TTL	CMOS
0 (V_{SS})	CMOS	CMOS

4512 8-Channel Data Selector

X0	1●	16	V_{DD}
X1	2	15	DIS
X2	3	14	Z
X3	4	13	C
X4	5	12	B
X5	6	11	A
X6	7	10	INH
V_{SS}	8	9	X7

C	B	A	Inhibit	Disable	Z
0	0	0	0	0	X0
0	0	1	0	0	X1
0	1	0	0	0	X2
0	1	1	0	0	X3
1	0	0	0	0	X4
1	0	1	0	0	X5
1	1	0	0	0	X6
1	1	1	0	0	X7
X	X	X	1	0	0
X	X	X	X	1	High Impedance

X = Don't Care

4513 BCD–To–Seven Segment Latch/Decoder/Driver

Pinout (left/right):

- B 1 — 18 V_{DD}
- C 2 — 17 f
- $\overline{LT}$ 3 — 16 g
- $\overline{BI}$ 4 — 15 a
- LE 5 — 14 b
- D 6 — 13 c
- A 7 — 12 d
- RBI 8 — 11 e
- V_{SS} 9 — 10 RBO

RBI	LE	$\overline{BI}$	$\overline{LT}$	D	C	B	A	RBO	a	b	c	d	e	f	g	Display
X	X	X	0	X	X	X	X	+	1	1	1	1	1	1	1	8
X	X	0	1	X	X	X	X	+	0	0	0	0	0	0	0	Blank
1	0	1	1	0	0	0	0	↕	0	0	0	0	0	0	0	Blank
0	0	1	1	0	0	0	0	0	1	1	1	1	1	1	0	0
X	0	1	1	0	0	0	1	0	0	1	1	0	0	0	0	1
X	0	1	1	0	0	1	0	0	1	1	0	1	1	0	1	2
X	0	1	1	0	0	1	1	0	1	1	1	1	0	0	1	3
X	0	1	1	0	1	0	0	0	0	1	1	0	0	1	1	4
X	0	1	1	0	1	0	1	0	1	0	1	1	0	1	1	5
X	0	1	1	0	1	1	0	0	1	0	1	1	1	1	1	6
X	0	1	1	0	1	1	1	0	1	1	1	0	0	0	0	7
X	0	1	1	1	0	0	0	0	1	1	1	1	1	1	1	8
X	0	1	1	1	0	0	1	0	1	1	1	1	0	1	1	9
X	0	1	1	1	0	1	0	0	0	0	0	0	0	0	0	Blank
X	0	1	1	1	0	1	1	0	0	0	0	0	0	0	0	Blank
X	0	1	1	1	1	0	0	0	0	0	0	0	0	0	0	Blank
X	0	1	1	1	1	0	1	0	0	0	0	0	0	0	0	Blank
X	0	1	1	1	1	1	0	0	0	0	0	0	0	0	0	Blank
X	0	1	1	1	1	1	1	0	0	0	0	0	0	0	0	Blank
X	1	1	1	X	X	X	X	↑			*					*

X = Don't Care

Display characters: 0 1 2 3 4 5 6 7 8 9

4514 4–Bit Transparent Latch

Pinout:
- ST 1 — 24 V_{DD}
- D1 2 — 23 INH
- D2 3 — 22 D4
- S7 4 — 21 D3
- S6 5 — 20 S10
- S5 6 — 19 S11
- S4 7 — 18 S8
- S3 8 — 17 S9
- S1 9 — 16 S14
- S2 10 — 15 S15
- S0 11 — 14 S12
- V_{SS} 12 — 13 S13

Inhibit	D	C	B	A	Selected Output MC14514 = Logic "1" / MC14515 = Logic "0"
0	0	0	0	0	S0
0	0	0	0	1	S1
0	0	0	1	0	S2
0	0	0	1	1	S3
0	0	1	0	0	S4
0	0	1	0	1	S5
0	0	1	1	0	S6
0	0	1	1	1	S7
0	1	0	0	0	S8
0	1	0	0	1	S9
0	1	0	1	0	S10
0	1	0	1	1	S11
0	1	1	0	0	S12
0	1	1	0	1	S13
0	1	1	1	0	S14
0	1	1	1	1	S15
1	X	X	X	X	All Outputs = 0, MC14514 / All Outputs = 1, MC14515

4516 Binary Up/Down Counter

Pinout:
- PE 1 — 16 V_{DD}
- Q3 2 — 15 C
- P3 3 — 14 Q2
- P0 4 — 13 P2
- $\overline{CARRY\ IN}$ 5 — 12 P1
- Q0 6 — 11 Q1
- $\overline{CARRY\ OUT}$ 7 — 10 U/D
- V_{SS} 8 — 9 R

Carry In	Up/Down	Preset Enable	Reset	Clock	Action
1	X	0	0	X	No Count
0	1	0	0	⌐	Count Up
0	0	0	0	⌐	Count Down
X	X	1	0	X	Preset
X	X	X	1	X	Reset

X = Don't Care

4517 Dual 64–Bit Static Shift Register

Pinout:
- Q16$_A$ 1 — 16 V_{DD}
- Q48$_A$ 2 — 15 Q16$_B$
- WE$_A$ 3 — 14 Q48$_B$
- C$_A$ 4 — 13 WE$_B$
- Q64$_A$ 5 — 12 C$_B$
- Q32$_A$ 6 — 11 Q64$_B$
- D$_A$ 7 — 10 Q32$_B$
- V_{SS} 8 — 9 D$_B$

Clock	Write Enable	Data	16–Bit Tap	32–Bit Tap	48–Bit Tap	64–Bit Tap
0	0	X	Content of 16–Bit Displayed	Content of 32–Bit Displayed	Content of 48–Bit Displayed	Content of 64–Bit Displayed
0	1	X	High Impedance	High Impedance	High Impedance	High Impedance
1	0	X	Content of 16–Bit Displayed	Content of 32–Bit Displayed	Content of 48–Bit Displayed	Content of 64–Bit Displayed
1	1	X	High Impedance	High Impedance	High Impedance	High Impedance
⌐	0	Data entered into 1st Bit	Content of 16–Bit Displayed	Content of 32–Bit Displayed	Content of 48–Bit Displayed	Content of 64–Bit Displayed
⌐	1	Data entered into 1st Bit	Data at tap entered into 17–Bit	Data at tap entered into 33–Bit	Data at tap entered into 49–Bit	High Impedance
⌐	0	X	Content of 16–Bit Displayed	Content of 32–Bit Displayed	Content of 48–Bit Displayed	Content of 64–Bit Displayed
⌐	1	X	High Impedance	High Impedance	High Impedance	High Impedance

4518 Dual Up Counters

```
  C_A  [ 1 ●      16 ] V_DD
  E_A  [ 2        15 ] R_B
 Q0_A  [ 3        14 ] Q3_B
 Q1_A  [ 4        13 ] Q2_B
 Q2_A  [ 5        12 ] Q1_B
 Q3_A  [ 6        11 ] Q0_B
  R_A  [ 7        10 ] E_B
 V_SS  [ 8         9 ] C_B
```

Clock	Enable	Reset	Action
⌐	1	0	Increment Counter
0	⌐	0	Increment Counter
⌐	X	0	No Change
X	⌐	0	No Change
⌐	0	0	No Change
1	⌐	0	No Change
X	X	1	Q0 thru Q3 = 0

X = Don't Care

4521 24-Stage Frequency Divider

```
  Q24  [ 1 ●      16 ] V_DD
 RESET [ 2        15 ] Q23
 V_SS' [ 3        14 ] Q22
 OUT 2 [ 4        13 ] Q21
 V_DD' [ 5        12 ] Q20
  IN 2 [ 6        11 ] Q19
       [ 7        10 ] Q18
 V_SS  [ 8         9 ] IN 1
```

RESET
2

9 IN 1   6 IN 2   STAGES 1 THRU 17   STAGES 18 THRU 24
                                         Q18 Q19 Q20 Q21 Q22 Q23 Q24

V_DD = PIN 16
V_SS = PIN 8

7 OUT 1   5 V_DD'   3 V_SS'   4 OUT2   10 11 12 13 14 15 1

4526 Presettable 4-Bit Down Counters

```
   Q3   [ 1 ●      16 ] V_DD
   P3   [ 2        15 ] Q2
   PE   [ 3        14 ] P2
 INHIBIT[ 4        13 ] CF
   P0   [ 5        12 ] "0"
 CLOCK  [ 6        11 ] P1
        [ 7        10 ] RESET
 V_SS   [ 8         9 ] Q1
```

	Inputs				Output	
Clock	Reset	Inhibit	Preset Enable	Cascade Feedback	"0"	Resulting Function
X	H	X	L	L	L	Asynchronous reset*
X	H	X	H	L	H	Asynchronous reset
X	H	X	X	H	H	Asynchronous reset
X	L	X	H	X	L	Asynchronous preset
⌐	L	H	L	X	L	Decrement inhibited
L	L	⌐	L	X	L	Decrement inhibited
⌐	L	L	L	L	L	No change** (inactive edge)
H	L	⌐	L	L	L	No change** (inactive edge)
⌐	L	L	L	L	L	Decrement**
H	L	⌐	L	L	L	Decrement**

X = Don't Care

4528 Dual Monostable Multivibrator

```
  V_SS    [ 1 ●      16 ] V_DD
 C_X1/R_X1[ 2        15 ] V_SS
 RESET 1  [ 3        14 ] C_X2/R_X2
   A1     [ 4        13 ] RESET 2
   B1     [ 5        12 ] A2
   Q1     [ 6        11 ] B2
   Q̄1     [ 7        10 ] Q2
  V_SS    [ 8         9 ] Q̄2
```

C_X1   R_X1   V_DD

A1 4
B1 5

6 Q1
7 Q̄1

RESET 1 3

4532 8 Bit Priority Encoder

D4 — 1 • — 16 — V_{DD}
D5 — 2 — 15 — E_{out}
D6 — 3 — 14 — GS
D7 — 4 — 13 — D3
E_{in} — 5 — 12 — D2
Q2 — 6 — 11 — D1
Q1 — 7 — 10 — D0
V_{SS} — 8 — 9 — Q0

	Input									Output			
E_{in}	D7	D6	D5	D4	D3	D2	D1	D0	GS	Q2	Q1	Q0	E_{out}
0	X	X	X	X	X	X	X	X	0	0	0	0	0
1	0	0	0	0	0	0	0	0	0	0	0	0	1
1	1	X	X	X	X	X	X	X	1	1	1	1	0
1	0	1	X	X	X	X	X	X	1	1	1	0	0
1	0	0	1	X	X	X	X	X	1	1	0	1	0
1	0	0	0	1	X	X	X	X	1	1	0	0	0
1	0	0	0	0	1	X	X	X	1	0	1	1	0
1	0	0	0	0	0	1	X	X	1	0	1	0	0
1	0	0	0	0	0	0	1	X	1	0	0	1	0
1	0	0	0	0	0	0	0	1	1	0	0	0	0

X = Don't Care

4536 Programmable Timer

SET — 1 • — 16 — V_{DD}
RESET — 2 — 15 — MONO IN
IN 1 — 3 — 14 — OSC INH
OUT 1 — 4 — 13 — DECODE
OUT 2 — 5 — 12 — D
8–BYPASS — 6 — 11 — C
CLOCK INH — 7 — 10 — B
V_{SS} — 8 — 9 — A

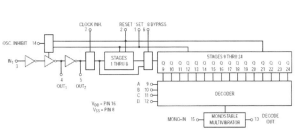

4538 Dual Precision Retiggerable/Resettable Monostable Multivibrator

V_{SS} — 1 • — 16 — V_{DD}
C_X/R_XA — 2 — 15 — V_{SS}
$\overline{RESET}$ A — 3 — 14 — C_X/R_XB
A_A — 4 — 13 — $\overline{RESET}$ B
$\overline{B_A}$ — 5 — 12 — A_B
Q_A — 6 — 11 — $\overline{B_B}$
$\overline{Q_A}$ — 7 — 10 — Q_B
V_{SS} — 8 — 9 — $\overline{Q_B}$

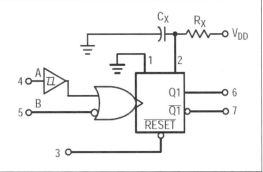

4541 Programmable Timer

R_{tc} — 1 • — 14 — V_{DD}
C_{tc} — 2 — 13 — B
R_S — 3 — 12 — A
NC — 4 — 11 — NC
AR — 5 — 10 — MODE
MR — 6 — 9 — Q/$\overline{Q}$ SEL
V_{SS} — 7 — 8 — Q

NC = NO CONNECTION

A	B	Number of Counter Stages n	Count 2^n
0	0	13	8192
0	1	10	1024
1	0	8	256
1	1	16	65536

Pin		State 0	State 1
Auto Reset,	5	Auto Reset Operating	Auto Reset Disabled
Master Reset,	6	Timer Operational	Master Reset On
Q/$\overline{Q}$,	9	Output Initially Low After Reset	Output Initially High After Reset
Mode.	10	Single Cycle Mode	Recycle Mode

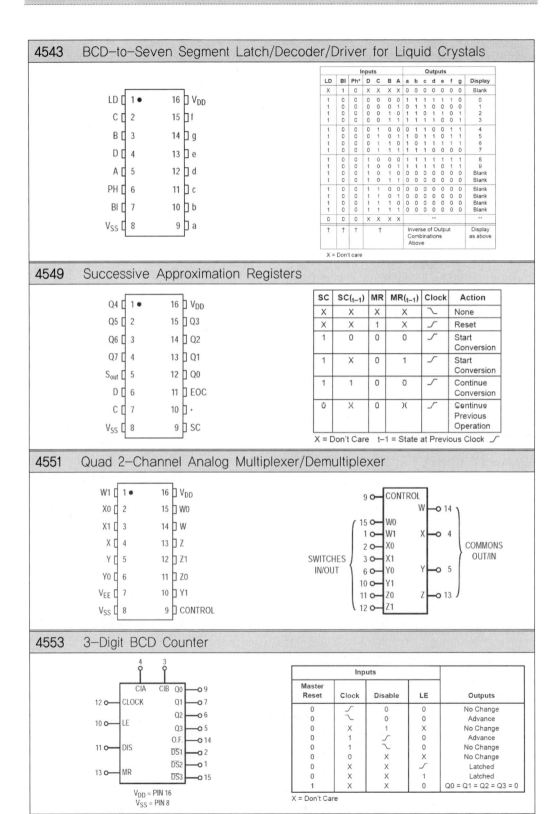

4543 BCD-to-Seven Segment Latch/Decoder/Driver for Liquid Crystals

| Inputs | | | | | | | Outputs | | | | | | | Display |
LD	BI	Ph*	D	C	B	A	a	b	c	d	e	f	g	
X	1	0	X	X	X	X	0	0	0	0	0	0	0	Blank
1	0	0	0	0	0	0	1	1	1	1	1	1	0	0
1	0	0	0	0	0	1	0	1	1	0	0	0	0	1
1	0	0	0	0	1	0	1	1	0	1	1	0	1	2
1	0	0	0	0	1	1	1	1	1	1	0	0	1	3
1	0	0	0	1	0	0	0	1	1	0	0	1	1	4
1	0	0	0	1	0	1	1	0	1	1	0	1	1	5
1	0	0	0	1	1	0	1	0	1	1	1	1	1	6
1	0	0	0	1	1	1	1	1	1	0	0	0	0	7
1	0	0	1	0	0	0	1	1	1	1	1	1	1	8
1	0	0	1	0	0	1	1	1	1	1	0	1	1	9
1	0	0	1	0	1	0	0	0	0	0	0	0	0	Blank
1	0	0	1	0	1	1	0	0	0	0	0	0	0	Blank
1	0	0	1	1	0	0	0	0	0	0	0	0	0	Blank
1	0	0	1	1	0	1	0	0	0	0	0	0	0	Blank
1	0	0	1	1	1	0	0	0	0	0	0	0	0	Blank
1	0	0	1	1	1	1	0	0	0	0	0	0	0	Blank
0	0	0	X	X	X	X					**			**
↑	↑	↑		↑			Inverse of Output Combinations Above							Display as above

X = Don't care

4549 Successive Approximation Registers

SC	SC$_{(t-1)}$	MR	MR$_{(t-1)}$	Clock	Action
X	X	X	X	⌐	None
X	X	1	X	⌐	Reset
1	0	0	0	⌐	Start Conversion
1	X	0	1	⌐	Start Conversion
1	1	0	0	⌐	Continue Conversion
0	X	0	X	⌐	Continue Previous Operation

X = Don't Care   t–1 = State at Previous Clock ⌐

4551 Quad 2-Channel Analog Multiplexer/Demultiplexer

4553 3-Digit BCD Counter

| Inputs | | | | Outputs |
Master Reset	Clock	Disable	LE	
0	⌐	0	0	No Change
0	⌐	0	0	Advance
0	X	1	X	No Change
0	1	⌐	0	Advance
0	1	⌐	0	No Change
0	0	X	X	No Change
0	X	X	⌐	Latched
0	X	X	1	Latched
1	X	X	0	Q0 = Q1 = Q2 = Q3 = 0

X = Don't Care

V_{DD} = PIN 16
V_{SS} = PIN 8

4555 Dual Binary to 1-of-4 Decoder/Demultiplexer

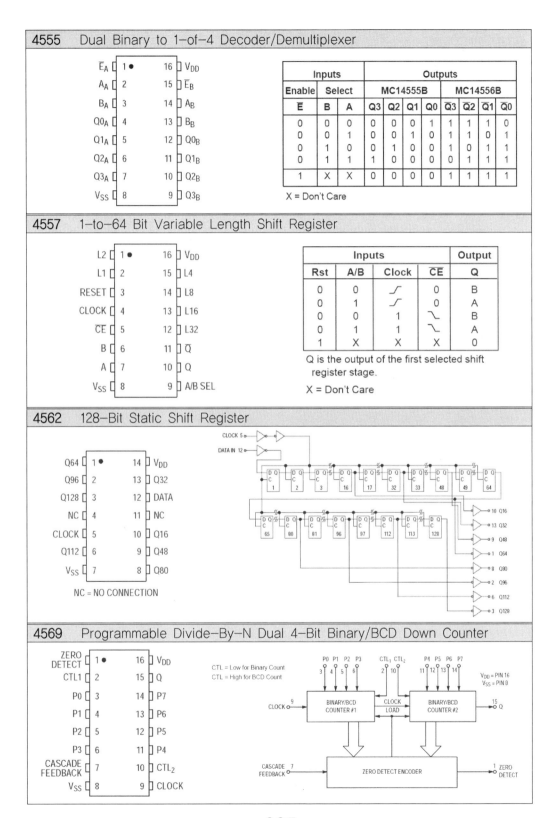

Pinout (left to right):
- $\overline{E}_A$ 1, 16 V_{DD}
- A_A 2, 15 $\overline{E}_B$
- B_A 3, 14 A_B
- $Q0_A$ 4, 13 B_B
- $Q1_A$ 5, 12 $Q0_B$
- $Q2_A$ 6, 11 $Q1_B$
- $Q3_A$ 7, 10 $Q2_B$
- V_{SS} 8, 9 $Q3_B$

Inputs			Outputs							
Enable	Select		MC14555B				MC14556B			
$\overline{E}$	B	A	Q3	Q2	Q1	Q0	$\overline{Q}3$	$\overline{Q}2$	$\overline{Q}1$	$\overline{Q}0$
0	0	0	0	0	0	1	1	1	1	0
0	0	1	0	0	1	0	1	1	0	1
0	1	0	0	1	0	0	1	0	1	1
0	1	1	1	0	0	0	0	1	1	1
1	X	X	0	0	0	0	1	1	1	1

X = Don't Care

4557 1-to-64 Bit Variable Length Shift Register

Pinout (left to right):
- L2 1, 16 V_{DD}
- L1 2, 15 L4
- RESET 3, 14 L8
- CLOCK 4, 13 L16
- $\overline{CE}$ 5, 12 L32
- B 6, 11 $\overline{Q}$
- A 7, 10 Q
- V_{SS} 8, 9 A/B SEL

Inputs				Output
Rst	A/B	Clock	$\overline{CE}$	Q
0	0	⌐↗	0	B
0	1	↗	0	A
0	0	1	↘	B
0	1	1	↘	A
1	X	X	X	0

Q is the output of the first selected shift register stage.

X = Don't Care

4562 128-Bit Static Shift Register

Pinout (left to right):
- Q64 1, 14 V_{DD}
- Q96 2, 13 Q32
- Q128 3, 12 DATA
- NC 4, 11 NC
- CLOCK 5, 10 Q16
- Q112 6, 9 Q48
- V_{SS} 7, 8 Q80

NC = NO CONNECTION

4569 Programmable Divide-By-N Dual 4-Bit Binary/BCD Down Counter

Pinout (left to right):
- ZERO DETECT 1, 16 V_{DD}
- CTL1 2, 15 Q
- P0 3, 14 P7
- P1 4, 13 P6
- P2 5, 12 P5
- P3 6, 11 P4
- CASCADE FEEDBACK 7, 10 CTL_2
- V_{SS} 8, 9 CLOCK

CTL = Low for Binary Count
CTL = High for BCD Count

V_{DD} = PIN 16
V_{SS} = PIN 8

4572 Hex Gate

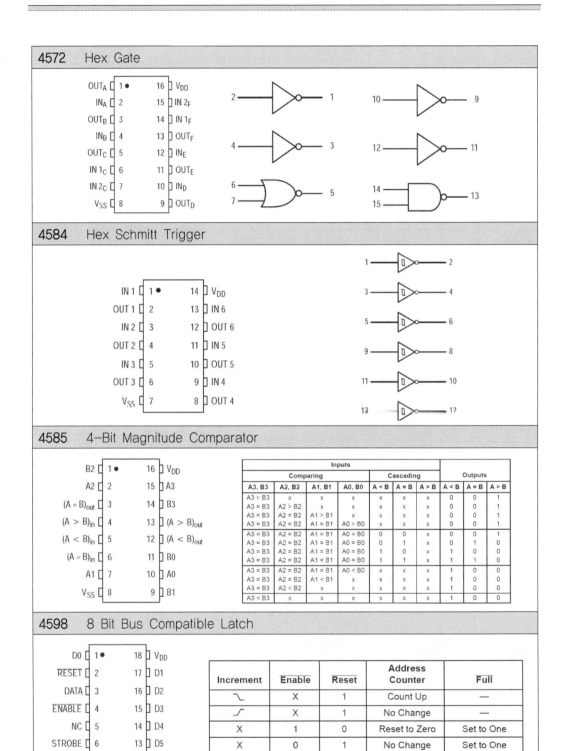

4584 Hex Schmitt Trigger

4585 4-Bit Magnitude Comparator

Inputs							Outputs		
Comparing				Cascading					
A3, B3	A2, B2	A1, B1	A0, B0	A < B	A = B	A > B	A < B	A = B	A > B
A3 > B3	x	x	x	x	x	x	0	0	1
A3 = B3	A2 > B2	x	x	x	x	x	0	0	1
A3 = B3	A2 = B2	A1 > B1	x	x	x	x	0	0	1
A3 = B3	A2 = B2	A1 = B1	A0 > B0	x	x	x	0	0	1
A3 = B3	A2 = B2	A1 = B1	A0 = B0	0	0	x	0	0	1
A3 = B3	A2 = B2	A1 = B1	A0 = B0	0	1	x	0	1	0
A3 = B3	A2 = B2	A1 = B1	A0 = B0	1	0	x	1	0	0
A3 = B3	A2 = B2	A1 = B1	A0 = B0	1	1	x	1	1	0
A3 = B3	A2 = B2	A1 = B1	A0 < B0	x	x	x	1	0	0
A3 = B3	A2 = B2	A1 < B1	x	x	x	x	1	0	0
A3 = B3	A2 < B2	x	x	x	x	x	1	0	0
A3 < B3	x	x	x	x	x	x	1	0	0

4598 8 Bit Bus Compatible Latch

Increment	Enable	Reset	Address Counter	Full
⌐	X	1	Count Up	—
_⌐	X	1	No Change	—
X	1	0	Reset to Zero	Set to One
X	0	1	No Change	Set to One
X	1	1	If at ADDRESS 7	To Zero on Falling Edge of STROBE

X = Don't care

저자 소개

고재원 : 유한대학교 컴퓨터제어과 교수
김재평 : 대림대학교 방송음향영상과 교수
김영채 : 한국폴리텍대학
　　　　　대전캠퍼스 SG전기전자제어과 교수

최신 디지털논리회로실험

		판 권
발　　행 / 2024년 8월 5일		
저　　자 / 고재원, 김재평, 김영채		소 유
펴 낸 이 / 정 창 희		
펴 낸 곳 / 동일출판사		
주　　소 / 서울시 강서구 곰달래로31길7 (2층)		
전　　화 / (02) 2608-8250		
팩　　스 / (02) 2608-8265		
등록번호 / 109-90-92166		

ISBN 978-89-381-0906-4 93560
값 / 18,000원